소방관 · 방화관리자 · 경찰특공대 · 근로자용 호흡보호기기의 성능유지 · 관리

소방장비관리와 안전규제정책

이상팔 저

박영사

머 리 말

최근 세계 도처에서 재난사고가 빈번하게 발생함에 따라 안전에 관심을 가지는 사람들이 점차 증가하고 있다. 하지만 현대 사회의 재난유형이 과거와 동일한 형태로 반복되는 것이 아니라 이전에 전혀 경험하지 못했던 복합적인 형태로 진화하고 있어 기존의 대응능력으로는 한계가 있는 경우가 많다.

그럼에도 불구하고 사회 각처에서는 정부가 재난문제 해결사로서의 역할을 충실히 수행해 줄 것을 기대하고 있다. 이러다 보니 국가위기관리 대응능력 향상을 위해 과학기술을 응용한 다양한 재난장비 보강과 교체를 추진하는 국가가 증가하고 있으며, 국가위기관리 능력에 회의적인 일부 사람들은 심지어 개인적인 보호장비를 구입하는 경우도 있다.

그러나 정부가 구입한 재난장비나 개별 보호장비에 하자가 있을 경우 화재진압·인명구조 활동 수행과정에서 제 기능을 발휘하지 못해 재산피해 경감에 실패할 가능성이 높을 뿐만 아니라 화재 진압자·인명 구조자들이 상해를 입거나 사망할 수도 있는 치명적인 실패(catastrophic failure)가 발생할 수 있다.

실례로 미국 Milford(1987), New Town(1993), Pittsburgh(1995) 등에서 공기호흡기 하자로 인한 사용실패로 소방관이 사망한 사고가 발생하였다. 또한 우리나라에서는 2009년 5월 불법공기호흡기를 제작 유통시킨 사건이 발생해 소방장비 관리의 안전문제가 사회적인 관심사로 떠오른 적이 있었다.

이처럼 재난진압장비 및 대피·탈출용 장비의 결함은 사용자에게 심각한 피해를 줄 가능성이 있어 정부에서 사용자의 보건과 생명을 보호하는 대책을 마련하는 차원에서 재난장비 생산자·유지관리자에 대한 안전규제정책을 마련하고 있다.

재난장비는 생산단계에서부터 구매·유지관리·최종사용에 이르기까지 다양한 이해관계자가 참여하며 이들은 의도적·비의도적으로 재난장비의 안전성을 저해하는 행위를 할 가능성이 있다. 즉 재난장비 생산자는 제품설계기준이나 안전기준을 준수하지 않는 경우도 있고 심지어 불량부속품이나 중고재료를 사용해 불법제품을 제작·유통·판매하는 경우도 있다.

만일 의도적인 위험행위에 대해 정부나 사회공동체의 직접적·간접적 제재가 없다면 타인의 위험을 볼모로 자신의 이익을 추구하는 바람직하지 않은 행위가 만연하게 된다. 따라서 재난장비와 관련된 행위자에 대해 안전규제가 필요하다.

이 책의 연구방향은 소방장비의 생산자·구매자·관리자가 장비 최종사용자의 안전을 배려·공감하도록 유도하는 안전규제정책에 초점을 맞추고 있다. 우리나라 공기호흡기 장비관리실태에 관한 사례분석을 통해 소방장비 사용실패 방지를 위한 피규제자(생산자·구매자·관리자·사용자)의 자율적·강제적 위험 동체감(risk identity) 향상방안, 즉 "타인 위험의 내재화(internalization of risk)" 방안을 제시한다.

이 책은 국회입법조사처가 2010년 4월에 발간한 「정책보고서」 "소방장비 관리실태 개선방안"을 모태로 소방장비관리 이론 부분을 보강하고 분석사례를 좀 더 심도 있게 연구하여 보완한 것임을 밝혀둔다.

이 책이 나오기까지 언제나 격려와 지도·편달을 해주신 존경하는 이종범 교수님과 학문에 눈을 뜨게 해주신 고려대학교 행정학과 교수님들께 깊이 감사드린다. 그리고 이 책의 부족한 점을 보완하는 과정에서 아낌없는 질타와 조언을 해주신 직장 동료들에게 감사드린다.

마지막으로 이 책의 구성과 정책대안에 관해 많은 조언을 해주신 국회입법조사처 심지연 처장님께 감사드린다.

2011년 1월

저자 이 상 팔

차 례

제 1 장 공기호흡기의 개요 및 관리실태

제 2 장 공기호흡기의 안전규제 사례분석

표 차례

그림 차례

Chapter 01

공기호흡기의 개요 및 관리실태

제1절 서 론

공기호흡기는 화재나 테러, 유해가스 누출사고 발생 가능성이 높은 장소에 구비된 대피 또는 피난자 구조용 장비로서 지하철 역사·백화점·호텔·대형 할인점 등 수용인원 100인 이상인 특정소방대상물의 안전관리자(rescue worker) 등에 의해 사용되며, 소방기관 등에서는 화재진압 및 인명구조용으로 소방관이 사용한다.

공기호흡기는 이처럼 다양한 장소에서 다양한 용도로 사용되나 일반 공산품처럼 일상적으로 사용되는 것이 아니라 돌발적인 사고가 있을 경우 단 한번 정확하게 작동되어야 하는 대기성(待機性) 기기이므로 유사시 충분한 성능을 발휘할 수 있도록 관리할 필요가 있다.

그러나 해당시설에서 불법·불량제품을 구매하거나 또는 정품을 구매했다 하더라도 사후 예방적 유지관리(preventive maintenance)가 부실할 경우 유사시 그 성능을 유지하기 어려워 사용실패(failure to use)를 초래할 가능성이 높다.

유독가스 등 위험환경에 노출된 피난자 또는 인명구조자들이 정상적인 제품이 아닌 불법·불량공기호흡기를 사용할 경우 이들은 건강상 심각한 위협에 처할 수 있으며 실제로 미국에서 공기호흡기의 사용실패로 인한 사고가 발생해 소방관이 사망하거나 상해 혹은 잠재적 상해를 입은 경우가 있었다. 실례로 1987년 Milford에서는 3명의 소방관이 사망하였고, 1993년 New Town에서는 11명의 소방관이 사망하였으며, 1995년 Pittsburgh에서는 소방관 3명이 질식하였다(Thiel, 2001:3).

최근 우리나라에서 폐기대상인 용기를 이용하여 불법공기호흡기를 제작·판매한 사건이 발생해 공기호흡기의 안전성에 대한 관심이 집중되었다. 경기도 고양시의 한 병원에서 공기호흡기의 공기를 교체하기 위한 충전작업 중 용기가 폭발하여 그 제작·유통 경위를 조사하게 되었으며 그 결과 소방장비 폐기업체가 2006년 6월부터 2009년 2월까지 공기호흡기 200여 개를 임의로 제조하여 검사 등을 거치지 아니하고 유통시켰고 상당수의 병원과 할인점 등에서 이를 구매한 것으로 나타났다.

소방방재청이 전국의 특정소방대상물[1)]에 대한 공기호흡기 구입·관리현황을 전수 조사한 결과에 따르면 상당수의 불법기기 및 불법의심기기가 비치되어 있는 것으로 나타났다. 또한 정상제품을 구입한 후 유지관리를 제대로 하지 않은, 이른바 불량 공기호흡기 및 미검사 공기호흡기도 상당수 있는 것으로 조사되었다.

반면 소방기관과 경찰의 공기호흡기에서는 이러한 문제점이 나타나지 않았다. 이러한 사실은 기존의 공기호흡기 제작·생산과 관련된 안전규제와

---

1) 특정소방대상물"이라 함은「소방시설설치유지 및 안전관리에 관한 법률」제2조에 의해 소방시설을 설치해야 하는 소방대상물로서 근린시설, 문화시설, 숙박시설, 판매영업시설, 의료시설, 지하상가, 관광휴게시설 등을 말한다. 이러한 시설들은 특정소방대상물 기준을 충족해야 하며 구체적인 내용은「소방시설설치유지 및 안전관리에 관한 법률 시행령」중 별표 2에서 언급하고 있다.

사용자의 유지관리에 관한 안전규제에 한계를 드러낸 것으로 볼 수 있다. 따라서 이 책에서는 정부 안전규제의 한계와 특정소방대상물과 소방·경찰 등의 공기호흡기 유지관리제도의 문제점 등을 비교분석하고 개선방안을 모색하고자 한다.

제 2 절 공기호흡기에 대한 개요

1. 공기호흡기 정의

공기호흡기(SCBA)[2]는 유독가스·연기 등과 같은 유해환경에서 과업을 수행하는 자들의 호흡을 용이하게 하고 그들의 호흡기 시스템(respiratory system)을 보호하는 호흡보호장비(PBE: Protective Breathing Equipment)[3] 혹은 개인보호장비(PPE)[4]를 의미한다.

즉 공기호흡기는 "산소결핍(Oxygen Deficiency) 장소, 농연(smoke and other by product of combustion), 유해가스(Toxic Gases) 발생 공간(하수구, 식품저장소, 밀폐공간), 미확인 공간(unknown atmosphere), 건강과 생명에 직접적으로 위해를 주는 환경(IDLH)[5] 등에서 작업을 수행하는 자의 신체를 보호하는 개인호흡보호장비",[6] "소화활동 시 화재로 인하여 발생하는 각종 유독가스 내에서 일정시간 사용할 수 있도록 제조된 압축공기식 개인호흡장비",[7] "공기충전기 등과 함께 인명구조, 화재진압 등 소방 활동을 위한 호흡용 공기를 생산·저장·공급하는 데 사용되는 장비"[8] 등으로 정의된다. 공기호흡기는 국가별 또는 기관별

---

2) SCBA: Self-Contained Breathing Apparatus.
3) PBE: Protective Breathing Equipment.
4) PPE: Personal Protective Equipment.
5) IDLH: Immediately Dangerous to Life and Health.
6) Indiana Mandatory Fire Fighter Training, MODULE 3, November 2007(3-4).
7) 「공기호흡기의 형식승인 및 검정기술기준」(KOFEIS 0902) 제2조, 「인명구조기구의 화재안전기준」(NFSC 302) 제3조의 2.
8) 「호흡보호장비 안전관리에 관한 기준고시」 제2조의 1.

[표 1-1] 국가별 기관별 호흡장비(respiratory equipment) 사용 명칭

구분	명칭규정 근거
Self-Contained Breathing Apparatus(SCBA)	NFPA 1981, Standard on Open Circuit Self- Contained Breathing Apparatus(SCBA) for Emergency Service, 2007 Edition
Compressed Air Breathing Apparatus(CABA)	호주의 New South Wales 지방파출소
Breathing Apparatus(BA)	New South Wales 소방대(Fire Brigades)와 Queensland 소방파출소, 뉴질랜드 소방서
Scott Pack	SCBA 제조회사인 Scott사의 이름을 사용한 용어
Supplied Air Respirator (SAR)	NFPA 1981, Standard on Open Circuit Self- Contained Breathing Apparatus(SCBA) for Emergency Service, 2007 Edition
Supplied-Air Breathing Apparatus(SABA)	NOISH: National Institute for Occupational Safety and Health
Respiratory Protection Equipment(RPE)	NFPA 1404, Standard for Fire Services Respiratory Protection Traning, 2006 Edition

로 다양한 용어로 기술하고 있다.

2. 공기호흡기 종류

공기호흡기의 종류는 작동원리, 사용된 기술, 사용 가능한 시간, 사용자 동선(entry or escape) 등에 따라 다양한데, 다음과 같이 몇 가지로 범주화할 수 있다.

첫째, 공기호흡기는 밸브작동원리와 내쉬는 숨(exhalation)의 재사용 여부에 따라 4가지 유형으로 구분할 수 있다. 전자는 음압형 자급식공기호흡기(Negative Pressure SCBA)와 양압형 자급식공기호흡기(Positive Pressure SCBA)로 구

[표 1-2] 소방서비스에 사용되는 자급식 공기흡기의 유형

	구분	특징
밸브 작동 원리	음압형 자급식 공기호흡기 (Negative Pressure SCBA)	흡기에 따라 열리고 흡기 정지 시와 배기 시에 닫히는 디맨드 밸브를 갖춘 것을 말한다.
	양압형 자급식 공기호흡기 (Positive Pressure SCBA)	면체 내의 압력이 외기압보다 항상 일정압만큼 높은 것으로서 면체 내에 일정 정압 이하가 되면 작동되는 압력 디맨드 밸브를 갖춘 것을 말한다.
내쉰 공기의 재흡입 여부	개방형 공기호흡기(Open-Circuit SCBA)	내쉰 공기가 외부로 배출되며, 그 내쉰 공기를 재흡입(rebreath) 하지 않는다.
	폐쇄형 공기호흡기 (Closed-Circuit SCBA)	내쉰 공기에서 이산화탄소를 제거(정화) 후 그 공기를 다시 흡입하게 되는 재순환 형태이다. 이때 마스크 내에는 산소가 공급되어 저장되는데, 이 산소는 압축된 산소·액체산소·화학산소 등으로부터 공급된다.

자료: 공기호흡기의 형식승인 및 검정기술기준(KOFEIS 0902) 제2조; NFPA 1981, Standard on Open Circuit Self Contained Breathing Apparatus(SCBA) for Emergency Service, National Fire Protection Association, Quincy MA, section 33,2007 Edition 등을 참조로 저자 재구성.

분할 수 있고, 후자는 개방형 공기호흡기(Open-Circuit SCBA)와 폐쇄형 공기호흡기(Closed-Circuit SCBA)로 구분한다.

둘째, 사용된 기술과 보호유형에 따라 구분할 수 있는데 여기에는 SCBA, PAPR(powered air purifying respiratory), 에어라인으로 연결된 호흡보호기(SAR) 등이 있다.

셋째, 운영적인 측면에서는 군사용, 경찰용, 산업용, 소방용, 위기대응자용(안전관리자·방화관리자) 등으로 구분한다(Ismail, 2009:28).

넷째, 사용자의 작업동선에 따라 진입용(Entry SCBAs)과 탈출용(Escape SCBAs)으로 구분할 수 있다.[9)]

다섯째, 작업을 수행할 수 있는 지속시간(duration)에 따라 30분용, 60분용, 90분용이 있다. 공기호흡기가 아닌 경우에는 5~10분 이내 위기탈출(emergency evacuation)용으로 사용하는 휴대용 호흡기구도 있다.

공기호흡기는 용량, 무게, 면체, 공기충전량 등에 따라 다양하게 설계되어 있으며 제원은 제조회사에 따라 다르다.[10)] 우리나라 소방관서에서는 대부분 60~90분용을 사용한다. 공기호흡기 모델명이 SCA 820N인 경우 주요 제원은 [표 1-3]과 같다.

[표 1-3] 양압식 공기호흡기 SCA 820N의 주요 제원

구 분		제 원
충 전 가 스		공기
사 용 시 간		약 30 ~ 40분
실린더	총 중 량	13 ± 1kg
	재 질	Aluminum
	내 용 적	8.4 ± 0.3L
	최고충전압력, FP	150kg/㎠
	내압시험압력, TP	250kg/㎠
	최고충전공기량	약 1.260L
	중량(밸브 포함)	8.2 ± 0.3kg
	공기소모량	약 30 ~ 40L/분

자료: http://www.secu1.com/shop

9) http://www.tfhrc.gov/hnr20/lead/sect4/sect4.htm

10) 공기호흡기 제조회사를 살펴보면 국내에는 산청(SCA680)과 삼공물산(SG-750FS)이 있고, 미국은 SCOTT사(AIR-PAK FIFTY), 영국은 SABRE사(CONTOUR), 독일은 DRAEGER사(AIRBOSS) 등이 있다(강익철, 2003:5).

3. 공기호흡기 구성요소 및 유사장비와 차이

(1) 구성요소

공기호흡기는 위해환경에서 특정 업무를 수행해야 하는 자가 사용하는 장비로서 제조사마다 약간의 차이는 있지만 대개 면체, 고압공기용기, 공급밸브, 배기밸브, 감압밸브, 등지게, 압력지시계, 경보장치, 급기호스 등으로 구성되어 있다.

(2) 공기호흡기와 유사 호흡보호기구의 차이

공기호흡기(SCBA)와 유사한 호흡보호 장비는 산소호흡기(rebreathers), 송기마스크, 산소마스크 등이 있다.

공기호흡기는 화재, 연기, 유독가스, 오염된 공기 등으로부터 인명을 구조하거나 비상탈출·피난 목적으로 소방관, 경찰특공대, 지하철 고객, 다중이용시설, 밀폐공간 작업자 등이 사용하는 개인호흡보호장비이다.

산업현장에서 근로자가 유해가스, 유기화합물 증기, 공기중에 부유되는 석면과 같은 미립자성 물질이 포함된 공기 등의 흡입을 차단하기 위해 공기호흡기 이외에도 송기마스크를 함께 사용하기도 한다. 송기마스크는 작업공간 외부에 공기 취입구, 송풍기, 전동송풍기, 고압용기, 공기압축기 등을 사용해 공기를 공급하는 방식이다.

반면 산소호흡기는 병원응급실이나 구급차에서 호흡이 곤란한 환자 및 산소결핍 증세를 보이는 환자에게 일정압 또는 일정량의 공기를 일정한 간격으로 주입하거나 환자의 호흡에 맞추어 불어넣는 의료용 호흡보호장비이다.

[그림 1-1] 공기호흡기 구성요소 및 명칭

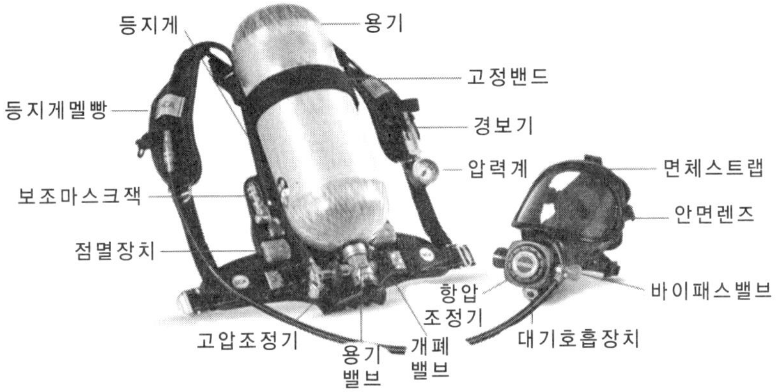

제품: OO(주) SCA 680

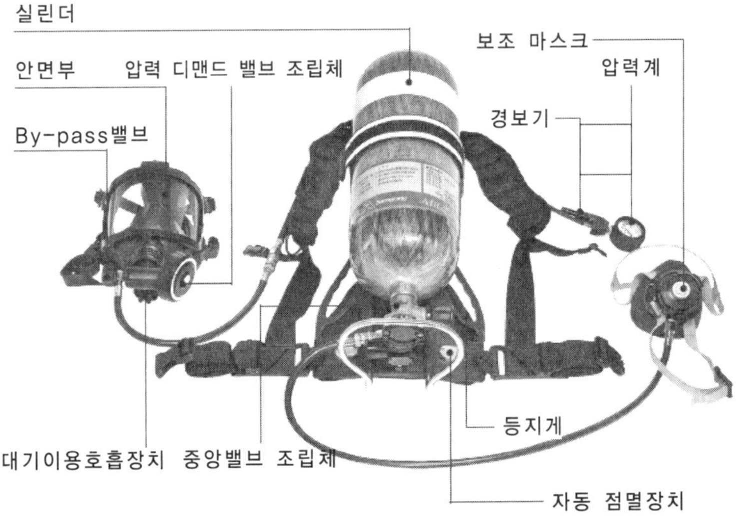

제품: OOOO(주) SG-750FS

자료: 강익철(2007. 7).

[표 1-4] 공기호흡기와 유사 호흡보호장비의 비교

구분	용기	용기부속품(주변기기)
공기호흡기	고압공기용기	면체, 압력지시계, 경보장치, 공급밸브, 배기밸브, 감압밸브, 등지게, 급기호수
산소호흡기	고압산소용기	압력조정기, 비닐마스크, 급기호수
송기마스크	고압용기 혹은 흡기·호기관	면체, 흡기관, 장착대, 호스, 송풍기

공기호흡기·산소호흡기·송기마스크 등의 구성내용을 보면, 공기호흡기는 고압공기용기(cylinder)[11]와 용기부속품(주변기기)인 면체 공급밸브, 배기밸브, 감압밸브, 등지게, 용기 내의 압력을 나타내는 압력지시계, 사용한계를 지시하는 경보기, 급기호스 등으로 구성되어 있다.[12]

반면 산소호흡기는 고압산소용기, 압력조정기, 비닐마스크 등으로 구성되어 있다(한국산업안전공단, 2000:121).

공기호흡기는 유효사용 기간이 짧으나 활동범위에 있어서는 제약을 받지 않아 구조·진압·조사활동에 많이 이용되고 있다. 그러나 송기마스크는 활동범위에 제한을 받고 있지만, 가볍고 유효사용 기간이 길어 일정한 장소에서의 장시간 작업에 주로 사용된다(한국산업안전공단, 2000:125). 그 외에도 단기간 동안 공기를 공급하는 개인용 탈출장비(STAS)[13]가 있다.

11) 용기는 봄베라고도 하는데 봄베는 이음매 없는 Aluminum Liner 에 Carborn Glass섬유를 적층 성형한 용기로서 가볍다. 호흡기의 유효사용기간은 봄베이(실린더, 용기)의 용량에 따라 다르지만 대개 30~60분 정도이다.

12) 공기호흡기의 형식승인 및 검정기술기준(KOFEIS 0902) 제2조.

13) STAS: short-term air supply for self-rescue.

[그림 1-2] 공기호흡기 및 대피·탈출용 착용장비

화재진압·인명구조 SCBA

산업용 SCBA 착용

호스 송기마스크(air line)

10분내 탈출용(EEBA-10)

자료: http://www.cdnsafety.com/isi.htm

4. 사건발생장소 및 특성에 의한 공기호흡기 사용유형 분류

공기호흡기를 필요로 하는 곳은 “사건의 특성”과 “사건발생 장소의 특성”에 따라 4가지 유형으로 구분할 수 있다. 전자는 화재사고와 비화재사고(non fire incident)로, 후자는 산업현장인 경우와 비산업현장인 경우로 구분할 수 있다. 여기서 비화재사고란 위해물질 누출 및 유출사건, CBRNE 사건, 작업을

[그림 1-3] 사건 및 장소 특성별 요구되는 SCBA 유형

사건의 특성 \ 사건발생 장소의 특성	산업적 이용 (industrial use)	비산업적 이용 (non-industrial use)
화재사고 (fire incident)	내독 · 내화 · 내연 SCBA(유형 1) ■ 화학공장, 가스제조, 산업현장에서 발생한 화재사고 ■ 유독가스 · 연기확산사고	내화 · 내연 SCBA(유형 2) ■ 특정소방대상물 · 다중이용업소의 화재사고 ■ 열 · 농연 방출
비화재사고 (non-fire incident)	내증 · 내독 SCBA(유형 3) ■ 노후시설, 조작실수에 의한 유독물질 · 가스누출, 유출 ■ 밀폐공간 산소결핍질식사고	CBRNE 차단 특수SCBA(유형 4) ■ 생물 · 화학 · 방사성 물질 · 가스 살포, 폭발물 등의 테러 ■ 사린 · 탄저 살포사고

수행하기 위해 특정 공간에 진입해야 하는 경우 등을 말한다.

(1) 유형별 특징

첫째, (유형 1)에 적합한 공기호흡기는 내독·내화·내연 SCBA이다. 이 유형은 화재진압을 위해 유독화학물질 제조장소 및 저장고, 창고 등에 진입해야 하는 자들에게 적합한 공기호흡기 또는 화재로 인한 열과 불꽃에 의해 화학물질이 융화 연소되는 과정에서 발생하는 증기나 유독가스 등을 차단하는 데 적합한 공기호흡기를 말한다. 내독·내화·내연 SCBA는 소방관, 화학공장·유독가스 제조 및 저장소 등에 필요한 공기호흡기이다. 소방관은 대형건물화재 및 화학공장화재 등 위해환경에 진입하여 적극적 화재진화(offensive fire attack), 희생자 탐색, 구조와 해체작업, 공기환기, 정밀조사(overhaul) 등 내부 소방 활동을 수행하므로 용기(cylinder), 등지게, 끈,

멜빵 등은 내화성능을 갖추어야 할 뿐만 아니라 내독성능도 갖추어야 한다.[14]

둘째, (유형 2)에 적합한 내화·내연 SCBA는 특정소방대상물이나 다중이용업소의 안전관리자가 사용하기에 적합한 공기호흡기이다. 특정소방대상물의 안전관리자(방화관리자)는 고객과 재실자들을 열과 연기로부터 안전한 외부 공간으로 대피유도 및 탈출시키는 데 공기호흡기를 사용하므로 여기에 해당되는 공기호흡기는 내화와 내연성을 갖추어야 한다. 예컨대, 다중이용업소 화재 시 구조자의 역할을 수행하는 안전관리자 또는 방화관리자가 피난자(evacuee)와 희생자(victims)를 현장에서 효율적으로 대피(evacuation)·철수(pullback)시킬 목적으로 사용한다.

셋째, (유형 3)은 내증·내독 SCBA(유형 3)이다. 이는 화학공단·화학물질 제조 및 저장공장·원자력 발전소(nuclear industry), 가스제조업체 및 저장장소 등에서 화재가 아닌 건물붕괴, 시설노후화, 운영자의 조작실수 등과 같은 우발적인 사고가 발생해 유독화학물질이 유출되거나 유독가스가 누출될 경우에 적합한 공기호흡기이다. 내증·내독 SCBA는 증기(vapor), 독성가스, 연무(煙霧)를 차단하는 기능이 강조되므로 내화기능은 취약할 수도 있다.

또한 산소결핍 밀폐공간, 광산 등 산업현장의 근로자는 분진, 소립자, 유해가스와 같은 생명과 건강에 즉각적인 위험이 있는 공간(IDLH atmosphere)으로부터 근로자를 보호하는 것이 중요하므로 내화기능은 강조하지 않는다.

넷째, (유형 4)는 CBRNE로부터의 위해를 차단할 수 있는 SCBA이다. 화학적·생물학적·방사선·핵·폭발물(explosives) 등과 같은 특별한 테러상황에 노출될 경우 일반 공기호흡기와 달리 연기뿐만 아니라 생물학적인 위해를 차단할 수 있는 특수기능이 보강된 공기정화 공기호흡기(PARR)[15]로서 예를 들면,

14) Thiel(2,001:1), U.S. Fire Administration/Technical Report Series, Special Report: Prevention of Self-Contained Breathing Apparatus Failures, FEMA, USFA-TR-088/November 2001.

15) powered air purifying respiratory.

[표 1-5] 공기호흡기를 필요로 하는 지역(areas)

구분	특 징	
유독가스, 증기(vapor), 미립자(particulates) 발생 공간	방사능 (radiological)	제논, 크랩톤과 같은 불활성(inert) 가스, 방사성 동위원소 , 코발트, 세슘
	비방사능	가스·증기: 암모니아, 벤젠, 이산화탄소, 염소(chlorine) 입자: 석면, 산성연무(acidic mists), 알칼리(alkalines)
생명과 보건상 즉각적인 위험이 있는 공간 (IDLH atmosphere)	미확인 공간	한 번도 출입하지 않은 미확인 공간 및 장소(unknown atmosphere)
	산소결핍 장소	산소가 19.5% 이하인 공간, 화학적 물질의 허용 한계치(TLV)를 넘어선 공간

주: TLV: threshold limit valve.

자료: TVA NPG(2001:21), SCBA Training HPT0630.002.

FM53, ST53SCBA 등이 있다. 면체의 경우도 화학물질의 접촉을 차단할 수 있도록 머리 전체를 보호할 수 있어야 한다.

(2) 공기호흡기 유형·사용자·위해환경의 특성 간 상호비교

공기호흡기는 "사건발생 장소의 특성" 및 "사건의 특성"으로 구분하는 것 이외에도 상황, 동선, 인적구조 대상, 손상 등을 사용자별로 종합적으로 비교분석하면 [표 1-6]과 같이 요약할 수 있다.

[표 1-6] 공기호흡기(SCBA) 사용주체의 위해환경과 특징

구분	사용주체			
	소방관서	경찰특공대	특정소방대상물 (지하역사, 호텔, 대형할인점)	밀폐공간 및 위해물질 작업장 (confined place)
장소	화재발생 현장	화생방테러· 인질· 시위 현장	특정소방대상물, 자율구입 건물 등	식품저장고, 밀폐공간작업, 석면제거작업 등
상황	응급상황 (emergency)	응급상황 (emergency)	응급상황 (emergency)	비응급상황 (non-emergency)
동선	진입용 (Entry SCBA)	진입용 (Entry SCBA)	대피·탈출 (Escape SCBA)	진입용 (Entry SCBA)
차단 능력	가스, 증기, 열, 농연 차단 등 내화보강 SCBA	고온·저온, 독가스 차단 등 CBRN 차단 SCBA (CC·OC-SCBA)	열, 연기 차단 내열내연 SCBA	가스, 증기 차단 내화취약 SCBA
사용자	화재진압· 구조업무담당 소방관	테러·시위진압 경찰특공대 (SWAT)	안전관리자· 방화관리자(rescue worker·emergency responders)	근로자, 작업자(utility worker)
물적 구조	화재진압, 비상조치 (crisis relocation)	테러현장 대응, 비상조치	비상조치 (crisis relocation)	밀폐공간 근로작업, 위해물질(석면) 제거
인적 구조	화재·질식재해 피해자 인명구조	테러범 제압, 인질· 희생자구출	고객·승객, 대피자 탈출 및 대피유도	가스중독· 질식사고자 비상조치
위해성	열, 연소에 의한 유독가스	독가스 (사린, 탄저)	열, 연소에 의한 유독가스	암모니아, 저산소, 석면가루
손상 (injury)	화상, 흡입화상, 질식 사망·상해	생화학 물질 흡입 사망·상해	화상, 흡입화상, 질식 사망·상해	산소결핍·질식, 유해물질 흡입 사망·상해

제 3 절 위해환경의 특성과 위해성 변화

위해환경은 공기호흡기 사용자인 소방관, 경찰특공대, 안전관리자(방화관리자), 밀폐공간 작업자들에게 생명과 건강에 직접적으로 위해를 줄 수 있는 환경(IDLH)을 말한다. 위해환경은 연소 부산물에의 노출, 고온 공기(superheated atmosphere), 유독가스, 증기, 먼지, 잠재적 폭발 가능성이 높은 공기, 산소농도가 낮은 공기 등을 의미한다.[16)]

위해환경은 표준대기 중 공기의 구성성분 기준과 비교할 때 공기구성 성분의 "비율변화"와 "내용변화"가 심하게 변화된 상태를 말한다. 따라서 특정 공간 및 장소의 위해성 정도(severity of hazard)는 공기구성성분의 비율변화와 내용변화 수준에 의해 결정된다.

1. 표준대기중 공기의 구성성분 변화와 위해성

공기 구성성분(component)의 내용과 내용 간의 비율(ratio)을 비교할 때 일반적으로 자연상태 공기의 구성성분, 즉 표준대기의 구성성분을 그 기준으로 삼는다. 자연공기의 일반적 구성성분 비율(조성비율)을 살펴보면 질소가 약 78%, 산소 20%, 그리고 나머지는 이산화탄소, 아르곤, 헬륨 등이다.

16) NFPA 1404, Standard for Fire Service Respiratory Protection Traning, 2006 Edition.

[표 1-7] 표준대기(공기)의 구성성분

구성성분	함유량(ppm)	percentage	구성성분	함유량(ppm)	percentage
질소	780,900	78.09%	메탄	2	0.0002%
산소	209,500	20.95%	크립톤	1	0.0001%
아르곤	9,340	0.93%	수소	0.5	0.00005%
이산화탄소	335	0.03%	산화질소	0.5	0.00005%
네온	18	0.0018%	제논	0.09	0.000009%
헬륨	5	0.0005%	오존	0.01	0.000001%

주: 1ppm=1/10^6=1/10^4 %

자료: 한국산업안전공단 산업안전보건연구원(2009:68).

(1) 구성성분의 비율변화와 위해성

특정소방대상물이나 다중이용시설 등의 장소에서는 일정 수준의 공기질을 확보하기 위해 「실내 공기질 유지기준」과 「실내 공기질 권고기준」을 규정하고 있다. 그런데 만일 이러한 장소에서 화재·폭발사고·가스누출사고가 발생할 경우 공기의 질은 급격하게 유해한 수준으로 변화될 수 있다.

그리고 하수구, 공동구, 식품저장고 등과 같은 지하공간·밀폐공간에서는 화재 이외에도 박테리아 활동, 인근 지층으로부터의 유해가스 유입 등에 의해 공기구성 성분의 비율이 변화될 수 있다. 예컨대, 특정 공간 내 질소의 비율이 78%에서 50%로 감소하거나 혹은 산소의 비율이 20%에서 10%로 감소하면 출입자와 작업자의 건강에 위해가 될 수 있어 호흡보호장비를 착용하도록 하도록 하고 있다.

특히 밀폐공간은 「산업보건기준에 관한 규칙」에서 "산소결핍, 유해가스로 인한 건강상 장해와 화재·폭발 등의 위험이 있는 장소"로 규정하고 있는데 구체적인 기준은 산소농도가 18% 미만 23.5% 이상, 탄산가스농도가 1.5% 이

[표 1-8] 산소결핍과 산소결핍증의 차이

구분	정 의
산소결핍	공기중의 산소농도가 18% 미만인 상태
산소결핍증	산소가 결핍된 공기 흡입으로 인해 생기는 증상

자료: 「산업보건기준에 관한 규칙」 17조의 4 및 5.

상, 황화수소농도가 10ppm 이상인 장소의 내부 등을 말한다.[17)]

공기중 산소농도 비율이 18% 미만인 장소는 작업자가 산소결핍증으로 인한 질식사의 위험이 있고, 산소농도가 16% 이하인 경우는 빈맥 및 빈호흡, 구토, 두통 등의 증상이 나타나며, 10% 이하가 되면 의식상실, 경련, 혈압강화, 서맥(맥박수 감소)을 초래하게 되므로 질식 · 사망할 위험이 높다(권부현, 2006:13).

[표 1-9] 산소농도에 따른 영향과 증상

산소농도	영향과 증상(정상기압)
15~19%	신체 조절기능 손상 및 삼장·폐 순환기 장해
12~14%	호흡수·맥박 증가, 기능조절·지각·판단력 손상
10~12%	호흡이 더 빠르고 깊어지며 판단력 저하 및 입술 청색증
8~10%	정신혼미, 어지럼증, 의식상실, 안면창백, 욕지기와 구토
6~8%	4~5분 내 치료로 회복가능, 6분 이내 50% 치명적, 8분 이내 100% 치명적
4~6%	0초 내에 혼수상태, 경련, 호흡정지, 사망

자료: 권부현(2006:14), “밀폐공간에서의 질식재해 예방,” 한국산업보건공단.

17) 이외에도 밀폐공간은 유해가스·화학물질이 들어 있던 배관이나 탱크내부, 케이블·가스관 또는 지하에 부설되어 있는 매설물을 수용하기 위하여 지하에 부설한 암거·맨홀 또는 핏트의 내부 등이 있다(「산업보건안전기준에 관한 규칙」 제17조 1호 관련 「별표 3」).

(2) 구성성분의 내용변화와 위해성

자연상태의 대기구성성분 기준보다 새로운 성분이 추가될 경우 구성성분의 내용 변화로 위해환경이 조성될 수 있다. 다중이용시설[18]의 경우 이용자의 건강을 보호하기 위해 「다중이용시설 등의 실내공기질관리법」에 "공기질의 유지기준"을 정하고 있다.[19]

[표 1-10] 실내 공기질의 유지기준

<table>
<tr><th>오염물질 항목 / 다중이용시설</th><th>미세먼지 PM10 (μg/m³)</th><th>이산화탄소 CO_2 (ppm)</th><th>폼알데하이드 HCHO (μg/m³)</th><th>총부유세균 (CFU/m³)</th><th>일산화탄소 CO (ppm)</th></tr>
<tr><td>지하역사, 지하도상가, 여객자동차터미널의 대합실, 철도역사의 대합실, 공항시설 중 여객터미널, 항만시설 중 대합실, 도서관·박물관 및 미술관, 장례식장, 목욕장, 대규모 점포</td><td>150 이하</td><td rowspan="3">1,000 이하</td><td rowspan="3">100 이하</td><td></td><td rowspan="2">10 이하</td></tr>
<tr><td>의료기관, 보육시설, 국공립 노인요양시설 및 노인전문병원, 산후조리원</td><td>100 이하</td><td>800 이하</td></tr>
<tr><td>실내주차장</td><td>200 이하</td><td></td><td>25 이하</td></tr>
</table>

자료: 「다중이용시설 등의 실내공기질 관리법 시행규칙」 제3조 관련 「별표 2」.

---

18) 모든 지하역사, 지하도상가(2,000㎡ 이상), 여객자동차터미널의 대합실(연면적 2,000㎡ 이상인 대합실), 항공터미널(연면적 1,500㎡ 이상), 항만터미널(연면적 5,000㎡ 이상인 대합실) 등을 말한다.

19) 「다중이용시설 등의 실내공기질 관리법」 제1조.

예컨대, 불특정 다수인이 이용하는 지하역사의 공기는 표준대기중 공기성분과 다르기 때문에 출입자 및 재실자를 위한 최소한의 공기질을 유지하기 위해 실내 공기질 “유지기준”과 “권고기준”을 규정하고 있다.

첫째, 지하역사의 「공기질의 維持 기준」은 이산화탄소(CO_2) 1,000ppm, 폼알데하이드(HCHO) 100㎍/㎥, 일산화탄소(CO) 10ppm 등이다.

둘째, 「공기질 勸告 기준」은 이산화질소(NO_2) 0.05ppm, 라돈(Rn) 4.0pCi/ℓ, 휘발성유기화합물(VOC) 500㎍/㎥이다.

지하 역사나 밀폐공간에서 화재, 생화학물질 및 유독물질 누출사고가 발생할 경우에는 가연물 연소에 의한 분산물인 유독가스가 기존 구성성분에 추가되므로 적정공기질이 유지될 수 없게 된다.

2. 표준대기 공기 구성성분 변화 유발요인과 위해성

(1) 장소별 공기성분 변화 유발인자의 특성 및 순위

공기성분변화에 영향을 미치는 유해인자의 종류는 건축물 화재(construction fire), 산불, 유해물질 사고, 밀폐공간(confined space entry) 등에 따라 다르다. Hawley(2007)는 소방서에서 사용하는 휴대용 대기측정기를 사용해 건축물화재, 산불, 유해물질사고, 밀폐공간 등에서의 유해성분 조사결과에 의하면 각 장소마다 대기의 구성성분 비율이 다른 것으로 나타났다. 이들 장소에서 인체에 유해한 유독가스의 비율이 높은 것으로 나타난 곳은 건축물 화재, 산불, 밀폐공간 등이었다.

[표 1-11] 휴대용 대기측정기에 의한 유해 장소별 유해성분과 구성비율

	건축물화재	산불	위해물질 사고	밀폐공간
1	유독가스 (Toxic Gas)	유독가스	가연성 가스	유독가스
2	산소농도 (Oxygen Concentration)	소립자	유독가스	산소농도
3	가연성 가스 (Flammable Gas)	산소농도	부식성 물질	가연성 가스
4	부식성 물질 (Corrosive Agent)	부식성 물질	방사능	부식성 물질
5	소립자 (Particulate)	가연성 가스	생물학적 인자	소립자
6	생물학적 인자 (Biological Agent)	생물학적 인자	소립자	생물학적 인자
7	방사능 (Radiation)	방사능	산소농도	방사능

자료: 1) Hawley, C. "Hazardous Materials Air Monitoring & Detection Devices," Thompson Delmer learning NY, Second Edition, 2007; The Interagency Board(2006), "2006 Annual Report — 2007 Standardized Equipment List," Crysyal Drives, Suite 601, Arlington, VA.

2) Grant(2007:27), Respiratory Exposure Study for Fire Fighters And Other Emergency Responders, The Fire Protection Research Foundation에서 재인용.

(2) 화재발생 공간의 위해성

대형건물, 밀폐공간, 다중이용시설 등 특정 공간·장소에서의 화재 발생 시 다양한 가연물의 연소과정에서 산소가 소모되고 치명적인 유독가스가 방출되므로 표준공기의 구성성분의 비율과 내용에서 심각한 변화가 일어난다.[20]

---

20) 물론 공기 구성성분의 비율변화와 내용변화가 동시에 일어나는 경우도 있지만 이

[표 1-12] 화재발생 시 연소에 의한 부산물

소재	주요 연소 부산물
목재	일산화탄소(CO), 이산화탄소(CO_2), H_2, CH_2, 초산, 알코올, 타르, 알데하이드, 케톤
면	일산화탄소(CO), 시안화수소, 일산화질소(NO), 알데하이드, 케톤
양모	일산화탄소(CO), 이산화탄소(CO_2), 시안화수소, 황화수소, 벤젠, 톨루엔
폴리에스테르	일산화탄소(CO), 이산화탄소(CO_2), CH_2, 벤젠, 탄화수소
나일론	일산화탄소(CO), 이산화탄소(CO_2), 시안화수소, 암모니아, 산화질소, 저분자 알칸/알켄
폴리우레탄	일산화탄소(CO), 이산화탄소(CO_2), 시안화수소, 아세토니트릴, 아크릴로니트릴, 피라딘, 벤조니트릴, 저분자탄화수소
폴리염화비닐	일산화탄소(CO), 이산화탄소(CO_2), 염화수소, 벤젠, 방향족 탄화수소, 포스겐
우레이-포름알데하이드	일산화탄소(CO), 이산화탄소(CO_2), 시안화수소, 암모니아

자료: 김명현(1996:10), "소방행정의 효과성과 조직관리의 특성에 관한 연구."

이때 특정 장소의 공기성분 내용 및 비율변화는 연소되는 가연물의 종류에 따라 다르다. 염화비닐이나 폴리에스테르 등과 같은 가연물은 목재나 면보다 연소할 때에 더 다양하고 치명적인 유독가스가 발생한다.

화재발생시 가연물의 연소과정에서 발생하는 유독가스인 일산화탄소, 염화수소, 시안화수소 등은 인체에 노출허용한계가 다르고 영향을 주는 부분도 다른데 구체적인 내용은 다음과 같다.

경우는 따로 구분하지 않는다.

[표 1-13] 화재 연소시 인체에 영향을 주는 가스들[21)]

구분	노출허용한계 (PEL/ppm)	단기노출한계 (STEL/ppm)	인체유해대기 (IDLH/ppm)	영향을 주는 인체 부분
일산화탄소	35	200	1,500	혈액, 폐, 심혈관, 중추신경
이산화탄소	5,000	3,000	40,000	심혈관, 호흡기
염화수소	5	50	50	호흡기, 피부, 눈
시안화수소	4.7	4.7	30	간, 신장, 중추신경, 심혈관
이산화질소	5	1	20	호흡기, 눈, 심혈관
암모니아	25	-	300	호흡기, 눈
포스겐	0.1	35	2	호흡기, 피부, 눈
아크롤레인	0.1	0.3	2	심장, 눈, 피부, 호흡기
포말 알데히드	0.75	2	20	호흡기, 눈, 피부
황화수소	10	15	100	혈액, 피부, 눈, 호흡기, 심혈관
벤젠	1	5	500	호흡기, 피부, 눈, 치아
아세트산	10	15	50	호흡기, 피부, 신장
아세트 알데히드	100	100	2,000	호흡기, 피부, 신장
포름산	5	0	300	호흡기, 피부, 신장, 간, 눈

자료: 서울특별시 소방학교 소방과학연구실(2004), "공기호흡기 충전 공기에 관한 연구," 「소방검정」 여름호.

21) * PPM(Part Per Million)은 백만분의 1단위로 100ppm은 대기중 0.01%

예컨대, 일산화탄소는 색이 없고 냄새와 맛이 없으며 공기중의 산소를 1/2에서 1/3까지 감소시켜 인체에 산소 공급을 차단하므로 심한 저산소증을 유발한다. 일산화탄소는 인체 혈액의 혈색소와 200배 이상 되는 친화력으로 인체의 산소 공급을 차단해 심각한 경우 사망에 이르게 한다.

[표 1-14] 일산화탄소(Carbon Monoxide: CO)의 위해성

농도(ppm)	퍼센트	증상(symptoms)
100	0.01	아무런 증상 없음, 피해 없음
200	0.02	미세한 두통
400	0.04	1~2시간 노출 후 두통
800	0.08	45분 후 두통 / 2시간 후 메스꺼움, 졸도(collapse), 의식 잃음
1,000	0.10	위험함. 1시간 후 의식 잃음
1,600	0.16	20분 후 두통, 현기증, 메스꺼움
3,200	0.32	2분~10분 후 두통, 현기증, 메스꺼움 / 30분 후 의식 잃음
6,400	0.64	1분~2분 후 두통, 현기증, 메스꺼움 / 1~15분 후 의식 잃음
12,800	1.26	바로 의식 잃음, 1~3분 내 사망 위험

자료: NIOSH(2000:15), Fatality Assessment and Control Evaluation Investigative Report #99F-48, A Summary of NIOSH fire fighter fatality investigation, 2000.11.6.

* 노출허용한계(Permissible Exposure Limit)는 미국 개념으로 주당 40시간, 1일 8시간 노출될 수 있는 한계로서 한국의 개념으로는 하루 6시간 미만 노출되어도 성인에게 큰 영향을 주지 않는 한계.
* 단기노출한계(Short-Term Exposure Limit)는 한번에 15분 동안 노출될 수 있는 한계.
* 인체유해대기(Immediately Dangerous to Life & Health)는 인체에 즉각적으로 유해한 영향을 줄 것으로 판단되는 대기수준(확인되지 않는 상황 포함).

(3) 산소결핍 공간 및 밀폐공간 공기질 변화와 위해성

맨홀, 지하저장고와 같은 밀폐공간의 공기질 변화에 영향을 미치는 요인은 박테리아의 활동, 저장품의 발효 및 부패, 화학적 반응, 유해가스 유입, 공기유입 차단 및 정체 등이다.

「산업보건기준에 관한 규칙」에서는 밀폐공간을 "산소결핍, 유해가스로 인한 화재·폭발 등의 위험이 있는 장소"로 규정하고 있고, 산소결핍 공간은 "공기중의 산소농도가 18퍼센트 미만인 상태의 공간"으로 규정하고 있다(산업보건기준에 관한 규칙 제17조).

[표 1-15] 밀폐공간과 관련된 용어의 개념정의

구분	특 징
밀폐공간	산소결핍, 유해가스로 인한 화재·폭발 등의 위험이 있는 장소
유해가스	밀폐공간에서 탄산가스·황화수소 등의 유해물질이 가스 상태로 공기중에 발생되는 것
산소결핍	공기중의 산소농도가 18퍼센트 미만인 상태
산소결핍증	산소가 결핍된 공기를 들여 마심으로써 생기는 증상

자료: 「산업보건기준에 관한 규칙」 제17조.

밀폐공간은 정상적인 적정한 공기와 비교할 때 산소농도, 탄산가스 농도, 황화수소 농도에서 차이가 난다. 「산업보건기준에 관한 규칙」에서 규정한 적정한 공기란 "산소농도의 범위가 18퍼센트 이상 23.5퍼센트 미만, 탄산가스의 농도가 1.5퍼센트 미만, 황화수소의 농도가 10ppm 미만인 수준의 공기"를 말한다. 적정한 공기와 밀폐공간의 특징을 비교하면 [표 1-16]과 같다.

[표 1-16] 적정한 공기와 밀폐공간 간의 구분

구분	특징	관련 법규
적정한 공기	산소농도의 범위가 18퍼센트 이상 23.5퍼센트 미만, 탄산가스의 농도가 1.5퍼센트 미만, 황화수소의 농도가 10ppm 미만인 수준의 공기를 말함	「산업보건기준에 관한 규칙」 제17조의 3호
밀폐공간	산소농도가 18퍼센트 미만 23.5퍼센트 이상, 탄산가스농도가 1.5퍼센트 이상, 황화수소농도가 10ppm 이상인 장소의 내부	「산업보건기준에 관한 규칙」 제17조의 1호 관련 별표 3의 14

밀폐된 장소에서는 산소농도를 18% 이상으로 유지하고 황화수소의 농도를 10ppm 이하로 유지하여야 하나 여러 가지 이유로 인해 환기가 불가능한 장소, 환기만으로 불충분한 장소가 있어 질식사고 예방차원에서 호흡기 보호기구인 공기호흡기, 산소호흡기 및 송기마스크 등을 착용하도록 하고 있다. 「산업보건기준에 관한 규칙」에서 규정하고 있는 밀폐공간은 [표 1-17]과 같다.

「산업안전보건법」에서는 사업주는 사업장 관리감독자로 하여금 위험방지 조치를 필요로 하는 밀폐공간이나 맨홀에서 작업시 보호구를 착용하도록 하는 등 안전·보건에 관한 업무를 추가로 수행하도록 하도록 하고 있다.[22] 「산업안전보건법」에서는 위험방지조치가 필요한 다양한 작업이 있는데, 이 중 보호구 착용이 필요한 작업은 밀폐된 장소(탱크 내 또는 환기가 극히 불량한 좁은 장소)에서 하는 용접작업, 화학설비의 탱크 내 작업, 맨홀작업 등이다.[23]

22) 산업안전보건법 제14조 1항.
23) 산업안전보건법 시행령 제10조 3항 관련 별표 2.

[표 1-17] 밀폐공간으로 규정한 장소의 종류

1. 메탄·에탄 또는 부탄을 함유하는 지층이나 탄산수를 용출하고 있거나 용출할 우려가 있는 지층에 접하거나 통하는 우물, 수직갱도, 터널, 핏트
2. 장기간 사용하지 아니한 우물 등의 내부
3. 케이블·가스관 또는 지하에 부설되어 있는 매설물을 수용하기 위하여 지하에 부설한 암거·맨홀 또는 핏트의 내부
4. 빗물·하천의 유수 또는 용수가 있거나 있었던 통·암거·맨홀 또는 핏트의 내부
5. 장기간 밀폐된 강재의 보일러·탱크·반응탑 그 밖의 그 내벽이 산화하기 쉬운 시설의 내부
7. 석탄·아탄·황화광·강재·원목·건성유·어유 그 밖의 공기중의 산소를 흡수하는 물질이 들어 있는 탱크 또는 호퍼 등의 저장시설이나 선창의 내부
8. 천정·바닥 또는 벽이 건성유를 함유하는 페인트로 도장되어 그 페인트가 건조되기 전에 밀폐된 지하실·창고 또는 탱크 등 통풍이 불충분한 시설의 내부
9. 곡물 또는 사료의 저장용 창고 또는 핏트의 내부, 과일의 숙성용 창고 또는 핏트의 내부, 종자의 발아용 창고 또는 핏트의 내부, 버섯류의 재배를 위하여 사용하고 있는 사일로 그 밖의 곡물 또는 사료종자를 적재한 선창의 내부
10. 간장·주류·효모 그 밖의 발효하는 물품이 저장 탱크·창고 또는 양조주의 내부
11. 분뇨·오니·썩은 물·폐수·오수 그 밖의 부패하거나 분해되기 쉬운 물질이 들어있는 정화조·침전조·집수조·탱크·암거·맨홀·관 또는 핏트의 내부
12. 드라이아이스 사용 냉장고·냉동고·냉동화물자동차 또는 냉동콘테이너의 내부
13. 헬륨·아르곤·질소·프레온·탄산가스 그 밖의 불활성기체가 들어 있거나 있었던 보일러·탱크 또는 반응탑 등 시설의 내부
14. 화학물질이 들어있던 탱크의 내부, 유해가스가 들어있던 배관·집진기 내부

자료: 「산업보건기준에 관한 규칙」 제17조 1호 관련 별표 3.

산업보건안전공단에서는 공기호흡기를 반드시 착용하고 출입하여야 하는 장소를 "환기가 불가능한 장소"와 "환기만으로 불충분한 장소"로 다음과 같이 구분하고 있다.

[표 1-18] 산업현장에서 공기호흡기 착용장소

구분	내용
환기가 불가능한 장소	① 인화성 액체, LPG탱크 및 화학장치 내부 등으로 인화나 폭발을 방지하기 위하여 불활성기체가 충전되어 있는 경우 ② 야채나 과일 등의 신선한 식료품을 넣어 둔 냉동고 등으로 신선도의 유지를 위하여 불활성기체가 충전되어 있는 경우 ③ 드라이아이스를 사용하거나 물과 시멘트를 혼합하고 있는 경우 ④ 정화조나 오물탱크 등으로 환기시키면 주위에 악취를 발산시킬 염려가 있는 경우
환기만으로 불충분한 장소	① 우물, 우물저장통, 수직갱 및 상하수도 등으로 저층의 구조면으로부터 산소결핍공기가 다량으로 용출되는 경우 ② 깊숙이 존재하나 수도나 도수관 등으로 깊은 곳까지 환기가 되지 않는 경우 ③ 탱크와 화학설비 및 선박의 내부 등으로 구조면에 있어서 충분히 환기시킬 수 없는 경우 ④ 재해사고시의 구조 등과 같이 충분히 환기시킬 시간적인 여유가 없는 경우 ⑤ 작업을 시작하기 전에 산소농도나 황화수소농도를 측정하려고 출입하는 경우

자료: 한국산업안전공단(2000:114), 「산소결핍장소에서의 작업안전」.

(4) 생화학물질 살포 공간의 위해성

지하철이나 대형 공공건물에서 테러범이 생물학적 위해인자(biological warfare agent), 화학적 위해인자(chemical warfare agent), 산업독성물질(toxic industrial material)을 살포할 경우 그 공간에 노출된 사람들의 위해성이 증가한다. 화학물질에는 신경제(nerve agent)와 발포제 혹은 수포제(blister agent)가 있다. 신경제는 1995년 일본의 옴진리교가 도쿄 지하철에 살포한 사린가스(GB)나 소만(soman), VX가스, 타분(GA) 등이다. 수포제는 유황겨자, 질소겨자, 미란성 독가스 등이 있다(Ismail, 2009:28).

[표 1-19] 생화학물질의 위험성

구분	노출 결과
유황겨자 (Sulfur Mustard, HD)	치사량: 호흡 1,500 LCT50 , 피부노출 4,500 LD50 작용시간: 신경·근육조직 손상. 통증은 2시간~24시간 지속 증세: 반응이 느리나 피부물집, 기침과 신경조직 손상, 호흡곤란, 질식, 각막손상, 구토증세
미란성 독가스 (Lewisite)	치사량: 호흡 1,300 LCt50, 피부노출 4,500 LD50 작용시간: 노출 즉시 반응이 나타남 증세: 피부 물집과 눈 손상
질소겨자 (Nitrogen Mustard, HN-3)	치사량: 호흡 1,500 LCt50, 피부노출 4,500 LD50 작용시간: 노출 1시간 안에 반응이 나타남 증세: 호흡기에 손상이 일어나고 노출 6~12시간 사이에 물집이 생김
포스겐 (산화클로르탄소·CX)	치사량: 호흡 3,200 LCt50, 피부노출 25 LD50임 작용시간: 노출 즉시 피부와 눈, 목에 극심한 통증을 일으킴 증세: 사망 또는 시신경 손상(장님)

주: 유독화학제의 가해력 척도는 LCT50·반수 치사량을 통상 사용함. LCT·lethal dose-50%는 방독마스크 등을 사용하지 않고 무방어 상태에 있는 인원의 50%를 1분 내에 사망시키는 대기중 1㎥에 포함되는 화학제를 의미함.

자료: http://armystore.co.kr/indeopenLL/1L.htm

생물학적 인자에는 탄저(Anthrax), 보툴리움(botulinum), 발진티부스(typhus)의 병원체인 리케차(rickettsia), 두창(smallpox), 페스트(plague), 출혈열(viral hemorrhagic fevers) 등이 있다.

[표 1-20] 생화학 테러물질의 위험성

구분	노출 결과
탄저(Anthrax)	폐탄저(100%)와 장탄저(25~60%)는 급성패혈로 사망
두창(Smallpox)	기본형인 Variola는 치사율이 30%, Variola Minor는 치사율 1% 미만
페스트(Plague)	림프절 페스트, 폐페스트, 패혈증 등의 위험
출혈열(VHS)	고열, 어지러움, 근육통

자료: 손영수(2005:73).

제4절 사용실패에 의한 사용자의 내·외적 손상유형

공기호흡기 사용자에게 사용실패가 발생할 경우 유독물질(toxic substance), 감염물질(infectious substance), 생물학적 물질(biological substance), 화학물질(chemical substance), 방사성물질(radioactive substance), 부식물질(corrosive substance), 산화제(oxidizing agent), 열(thermal) 등의 접촉, 흡입, 폭로 등에 의한 내적·외적 피해가 발생할 수 있다.

이러한 피해는 화상 등과 같이 즉각적으로 나타날 수도 있고, 단기적·장기적인 시간경과 후 잠재적인 손상으로 서서히 표출될 수도 있다.

1. 유독물질의 다양한 폭로형태와 손상유형

건물의 내부 또는 환기가 되지 않는 밀폐된 공간에서 작업을 수행하는 자들은 화재나 가스누출사고 발생시 흡입손상(inhalation injury)의 위험에 노출된다. 화재나 유독가스누출사고에 의한 흡입손상은 호흡보호기구가 제대로 작동하지 않은 경우에 발생한다. 첫째, 화재가 아닌 유독가스누출사고·가스저장고 폭발사고 등의 수습과 조사 업무를 수행자들은 유독가스 흡입에 의한 기도 및 폐의 손상사고가 발생할 수 있다.

그리고 흡입손상이지만 손상의 원인이 열에 의한 것일 경우 이를 흡입화상(inhalation burn)이라 한다. 호흡기가 제 기능을 발휘하지 않을 경우 사용자는 열(heat·thermal)에 의한 피부 외부화상과 내부화상의 위험에 노출될 수도 있다. 여기서 내부화상이란 열 흡입에 의한 기도나 폐의 손상을 말한다.

[표 1-21] 사건유형별 손상의 종류

구분	특징	유형사례	손상유형
화재발생 사건	화상손상(burn injury): 외적 피부화상	1~4도 피부 화상(눈, 코, 입, 목, 얼굴전체 부위),	호흡곤란, 현기증, 고통, 흉터, 사망, 본인 및 가족 외상 후 스트레스 장애(PTSD)
	흡입화상 손상 (inhalation burn injury): 내적 호흡관(trachea) 상해	열(heat) 흡입 연기 흡입 유독가스 흡입	손상 이후 6시~24시간 이내에 상기도(upper airway)가 부품, 호흡부전, 폐 염증(pulmonary irritation), 사망
화학공장 누출사고	흡입손상 (inhalation injury)	유독화학물질 흡입	호흡곤란, 질식, 사망
밀폐공간 유독가스	흡입손상 (inhalation injury)	유독가스 흡입, 오염된 공기흡입	호흡곤란, 질식, 현기증, 사망
생화학 테러사건	흡입손상 (inhalation injury)	생화학 독가스 흡입	고열, 근육통, 급성패혈 사망

2. 화상손상(burn injury)

화상은 화재로 인한 열에 노출되거나 또는 화학물질·극저온 등에 의해 피부외부조직에 손상을 입는 것을 말한다.[24)] 화상의 증상은 피부 부풀어 오름(swelling), 물집, 통증, 탈모, 피부변색, 흉터(scarring) 등을 유발하고 심한 경우

24) "Fire and Burn Related Injuries in Virginia," *Virginia Injury Update*, Volume 1, Issue 3, september 2007. p.1.

[표 1-22] 화상의 깊이에 따른 특징[25)]

깊이	손상조직	외견	증상	치유기간	흉터
1도 화상	표피·각질층	발적, 충혈	통증, 열감	며칠	남지 않음
2도 화상(경)	표피, 얕은 진피층	물집, 발적, 부어오름, 물기	심한 통증, 작열감, 감각 둔화	약 2주간	거의 남지 않음
2도 화상(중)	깊은 진피층까지	물집, 발적, 부어오름, 물기, 점점 희어짐	통증이 덜하고, 감각 둔화가 현저함	약 3주간	남기 쉬움
3도 화상	진피층 전체, 피하조직	괴사, 탄화, 건조, 희어짐	통증 없음, 감각 없음	자연치유 안됨	남음
4도 화상	진피층 전체, 피하조직, 지방, 근육, 뼈	괴사, 탄화, 건조, 희어짐	통증 없음, 감각 없음	자연치유 안됨, 피부의 상피가 재생되지 않음	남음

에는 사망에 이르게 한다.[26)] 화상손상(burn injury)은 고통을 수반하고 일생 동안 물리적·심리적 외상 후 스트레스 장애를 겪어야 할 수도 있기 때문에 파괴적인 상해(devastating injury)라 할 수 있다.

화상의 정도는 그 깊이에 따라 1도, 얕은 2도·깊은 2도, 3도, 4도 등으로 구분되는데,[27)] 그 기준은 피부손상이 어느 층까지 전이되었는가에 따라 다르다. 사람의 피부는 표피와 진피, 피하지방층이 있고 그 이하로 근육, 신경 등이 있는데 화상의 정도가 높은 경우 근육 신경까지 손상을 입게 된다.

---

25) http://ko.wikipedia.org/wiki/%ED%99%94%EC%83%81

26) http://www.nlm.nih.gov/medlineplus/burns.html

27) 통상 섭씨 40~45도에서는 1~2시간 접촉하면 화상을 입게 되며, 55도 온도에서는 10초 동안의 접촉 또는 60도에서는 5초 접촉만으로도 2도 화상을 입는다.

3. 흡입손상(inhalation injury)

흡입손상은 뜨거운 열기흡입(thermal inhalation), 연기흡입(smoke inhalation), 독성가스 흡입(toxic inhalations) 등이 있다.[28] 화재 발생시 사망자의 사망원인의 대부분(45~78%)은 열기와 연기의 흡입에 의한 것이다. 흡입화상은 기관지의 수축, 점막의 섬모기능 손상, 폐포 세포의 괴사 등으로 폐부종의 증상을 보이며 2차 감염의 위험성을 가지고 있다. 이는 화재발생 시 가연물의 연소로 인해 발생하는 연기(smoke)와 연훈(fumes), 일산화탄소·이산화탄소 등의 가스를 수분 내 흡입하는 것이 원인이다.

(1) 열흡입(Heat inhalation)상해

열흡입상해는 뜨거운 공기(hot air·flame)를 직접적으로 호흡함으로써 성대나 기관·호흡관(trachea)에 손상을 입는 경우를 말한다. 뜨거운 열의 흡입은 주로 높은 압력에 의해 강제적으로 기관지로 주입되는 경우가 많다.

열 손상(thermal injuries)은 대부분 상부기도(airway)에 한정된다. 그러나 증기(steam)를 흡입할 경우 이차적인 하부기도에도 피해를 입는다.

스팀은 건조한 공기보다 열을 더 오래 보존할 수 있기 때문이다. 만일 뜨거운 공기가 코로 들어간다면 건강한 점막(mucous membranes)에 손상을 일으키는 원인이 된다. 그 이유는 코와 입과 목청(throat)은 냉각 역할을 하는 방(cooling chamber)의 역할을 하기 때문이다.[29]

---

28) http://www.burnsurvivor.com/burn_types_inhalation.html

29) http://www.lifespan.org/services/criticalcare/articles/burns/inhalation.htm

(2) 연기흡입(smoke inhalation)

연기흡입(smoke inhalation)은 화재 발생 시 생성되는 연소물질의 흡입에 의해 나타나는 기도와 폐의 손상을 말한다. 연기흡입에 의한 손상은 화재 시 유기물질이 불완전 연소하는 과정에서 발생하는 연기에 포함된 입자(0.5㎛ 이하 크기)들 때문에 생긴다. 이 입자들을 흡입하면 성대 아래 부분에 염증을 일으켜, 기도 점막에 상처를 내고, 이 때문에 기도가 붓거나 경련을 일으키면서 공기의 통로가 막혀 질식하게 된다. 화재발생 장소가 밀폐된 공간이거나, 그 장소에 머무는 기간이 길수록 부상 정도는 심해진다.

연기흡입(smoke inhalation)은 열흡입과 달리 손상의 부위가 상기도뿐만 아니라 하기도[30]까지 모두 손상될 수 있다. 연기흡입은 기관지 연축, 기도, 분비물 생성 증가, 급성 호흡곤란 증후군을 유발할 수 있다. 연기흡입에 의한 급성 호흡곤란증 후에는 패혈증, 폐렴, 수액과다 등이 동반될 수 있다(이성순, 2002:122).

미국 소방관들의 연간 흡입손상 발생건수는 과거보다 점차 감소되고 있기는 하지만 2006년 현재 4,330건인 것으로 나타났다([표 1-23] 참조).

30) Higher·Lower respiratory tract injury.

[표 1-23] 미국 소방관의 연간 호흡기 관련 손상(injuries) 통계

연도	화재사고 신고	연기·가스 흡입 또는 호흡기 스트레스(respiratory stress)
1981	2,893,500	12,485
1982	2,538,000	10,880
1983	2,326,500	11,470
1984	2,343,000	10,105
1985	2,371,000	9,625
1986	2,271,500	8,090
1987	2,330,000	8,040
1988	2,436,500	7,400
1989	2,115,000	7,220
1990	2,019,000	7,095
1991	2,041,500	7,525
1992	1,964,500	6,335
1993	1,952,500	5,540
1994	2,054,500	6,175
1995	1,965,500	5,700
1996	1,975,500	5,400
1997	1,795,000	3,820
1998	1,755,500	3,745
1999	1,823,000	4,435
2000	1,708,000	3,725
2001	1,734,500	5,115
2002	1,678,500	3,765
2003	1,584,500	3,870
2004	1,550,500	3,500
2005	1,602,000	4,140
2006	1,642,500	4,330

자료: Grant(2007:10), Respiratory Exposure Study for Fire Fighters And Other Emergency Responders, The Fire Protection Research Foundation.

(3) 유독가스 흡입상해

유독가스 흡입상해(toxic inhalation injury, systemic toxin)는 가스누출(leak), 화약약품(chemicals)뿐만 아니라 내장재 연소에 의한 유독가스에 장시간 노출될 때 발생한다.

전신 독소(systemic toxin)는 산소의 운반과 이용에 손상을 주어 전신조직에 저산소증을 일으켜 의식을 잃거나 혼미한 상태에 빠지며 심지어 사망에 이르게 할 수도 있는 독소를 말한다. 전신적 독성가스에는 일산화탄소, 청산칼륨, 산화질소, 시안화수소 등이 있다. 이 중 일산화탄소는 색과 냄새가 없어 희생자가 코마상태에 이르기 전까지도 알아채지 못하는 독소로서 흡입손상에 가장 영향을 미치는 독소이다(Ritz, 1992:1109).

이외에도 독성가스(toxic substance)에는 아크릴로니트릴·아크릴알데히드·아황산가스·암모니아·일산화탄소·이황화탄소·불소·염소·브롬화메탄·염화메탄·염화프렌·산화에틸렌·시안화수소·황화수소·모노메틸아민·디메틸아민·트리메틸아민·벤젠·포스겐·요오드화수소·브롬화수소·염화수소·불화수소·겨자가스·알진·모노실란·디실란·디보레인·세렌화수소·포스핀·모노게르만 등이 있다. 독성가스 중 황화수소(Hydrogen Sulfide, H_2S)는 치명적인 영향을 미치는 질식성 가스이며 위해성은 [표 1-24]와 같다.

카펫, 커튼, 벽지, 염화비닐, 폴리에스터 등의 불완전연소에 의한 유독가스가 인체에 흡입될 경우 치명적인 손상을 주게 된다. 화재로 인해 발생되는 유해가스는 일산화탄소, 시안화수소, 황화수소 등이 있는데 이 중 일산화탄소와 시안화수소는 빠른 시간 내(몇 분 이내) 사망에 이르게 할 수 있어 흡입손상에 있어서 사망의 주요한 요인으로 여겨지고 있다(Jung YS 외 1991:391; Kirk 외 1993: 1413; Silverman, 1998:171).

일산화탄소는 '일산화탄소 헤모글로빈(COHb)'을 형성하는데,[31] 이와 같은

31) 질소 등의 여러 산화물들은 메트헤모글로빈(MetHhb)을 형성하는데, 이러한 이형 혈색

[표 1-24] 황화수소의 위해성

농도(%)	부 위	조 직
20	-	-
50	결막 및 각망 상피조직의 자극	-
50~100	1시간 내에 눈과 호흡기계 자극	-
100~150	-	몇 시간 후 약간의 조직 증상
150	후각신경마비	8~48시간 내 사망할 수 있음
200	오랜 노출 후 폐자극 및 패부종	신경쇠약
250~300	-	4~8시간 이내 사망
350~450	-	1~4시간 이내 사망
500~600	-	흥분, 두통, 현기증, 의식소실 1시간 내 사망
600~700	-	급속한 허탈, 2~15분 내 사망
700~2000	-	호흡정지 급속한 사망

자료: KOSHA 편집실(2008:8), "현장에서의 질식재해 예방."

이형 혈색소는 산소와 결합할 수 없어 산소의 이동능력을 떨어뜨린다(신중호 외 8인 2001:342). 일산화탄소 헤모글로빈의 농도는 일산화탄소에 결합된 헤모글로빈의 백분율로 나타내는데 만일 60% 이상인 경우 생존할 수 없는 상태가 된다.

제한된 공간에서의 화재는 과량의 산소가 소모되므로 산소 농도가 낮은 공기를 흡입할 경우 이를 저산소 가스흡입(hypoxic gas inhalation)이라 한다. 지하철 역사에 화재가 발생할 경우 피해자들은 저산소 가스흡입에 노출된다.

이외에도 황화수소는 고무, 동물의 털 등과 같은 유황성분이 포함된 물질이 불에 완전연소할 때 발생하며 황화수소가 0.08% 이상인 공기를 흡입할 경

소 또한 산소와 결합을 방해한다.

[표 1-25] 일산화탄소 헤모글로빈(COHb) 농도에 따른 위해

퍼센트	특 징
10% 미만	증상이 없음
20%	빈호흡, 두통, 오심, 구토 둔해짐 등의 증상이 나타남
30%	의식저하, 무기력, 심전도상 ST분절 하강 등의 심각한 증상이 나타남
40~60%	무의식 상태가 됨
60% 이상	생존할 수 없음

자료: 서울특별시 소방학교(1995), 「화재현장 실무」, p.23~25 저자 재구성.

우 치명적이다. 염화수소는 PVC와 같은 합성수지류 연소시 발생하며 1,500ppm 이상 흡입하면 치명적이다.

아황산가스는 눈 및 호흡기의 점막손상을 입힌다. 시안화수소는 질소 함유물이 포함된 모직물, 견직물, 폴리우레탄, 비닐 등이 연소될 때 대량 발생되는 유독가스로 일산화탄소의 농도 증가와 동반하여 연기 질식 사상자의 초기 사망에 크게 영향을 미치며, 심혈관계, 중추신경계, 호흡기계에 작용하여 사망에 이르게 하는 것으로 보고되고 있다.[32]

32) 서울특별시 소방학교(1995:24), 「화재현장 실무」.

[표 1-26] 화재 연소시 인체에 영향을 주는 가스들[33)]

유해물질	발생조건	독성	노출기준
일산화탄소 (carbonmonoxide)	• 화재시 가장 흔한 유해가스	화학적 질식제	TWA(50ppm) STEL(400ppm)
시안화수소 (hydrogencyanide)	• 양모·비단과 같은 질소함유물질 또는 폴리우레탄 및 폴리아크릴로니트릴 같은 합성물질이 저온에서 탈 때 발생	대사성 질식제	C(10ppm)
질소산화물 (oxidesofnitrogen)	• 고온화재로 공기중 질소가 산화하여 발생 • 질소함유연료가 저온에서 탈 때 발생		
일산화질소(NO)		호흡기 자극제	TWA(25ppm)
이산화질소(NO_2)		호흡기 자극제	TWA(3ppm)
염화수소 (hydrogenchloride)	• 염소함유연료·폴리염화비닐이 타면서 발생	호흡기 자극제	C(5ppm)
다이옥신(dioxine)	• 화재가 장기간 지속시 발생	-	TWA(-)

33) * PPM(Part Per Million) 백만분의 1단위로 100ppm은 대기중 0.01%
* 노출허용한계(Permissible Exposure Limit)는 미국 개념으로 주당 40시간, 1일 8시간 노출될 수 있는 한계로서 한국의 개념으로는 하루 6시간 미만 노출되어도 성인에게 큰 영향을 주지 않는 한계.
* 단기노출한계(Short-Term Exposure Limit)는 한번에 15분 동안 노출될 수 있는 한계.
* 인체유해대기(Immediately Dangerous to Life & Health)는 인체에 즉각적으로 유해한 영향을 줄 것으로 판단되는 대기수준(확인되지 않는 상황 포함).

휘발성지방산 (volatilefattyacid)			
초산(acetic acid)	• 폴리에틸렌 및 자연산 셀루로스가 타면서 발생하는 매연에 다수 포함	호흡기 자극제	TWA(10ppm)
저분자탄화수소 (NM-hydrocarbon)	• 탄화수소 연료가 저온에서 탈 때 발생		
포름알데히드 (formaldehyde)	• 폴리에틸렌 및 자연산 셀루로스가 타면서 발생하는 매연에 다수 포함	호흡기 자극제	TWA(1ppm)
아크로레인 (acrolein)	• 폴리에틸렌 및 자연산 셀루로스가 타면서 발생하는 매연에 다수 포함	호흡기 자극제	TWA(0.1ppm)
아크릴로니트릴 (acrylonitrile)	• 폴리우레탄 및 폴리아크릴로니트릴이 800~1,000℃에서 탈 때 발생	화학적 질식제	TWA(2ppm)
아세토니트릴피리딘 (acetonotrilepyridine)	• 폴리우레탄 및 폴리아크릴로니트릴이 800~1,000℃에서 탈 때 발생	대사성 질식제	TWA(40ppm)
벤조니트릴 (benzonotrile)	• 폴리우레탄 및 폴리아크릴로니트릴이 800~1,000℃에서 탈 때 발생 • 자체가 타면서 시안화수소·산화질소 발생	호흡기 자극제	TWA(-)

주: TWA: Time weighted Average(모든 작업자가 하루 8시간(주 40시간) 노출되어도 부작용이 나타나지 않은 한계점).
STEL: Short Time Exposure Limit(모든 작업자가 15분간(단기간) 노출되어도 부작용 나타나지 않은 한계점)
C: Ceiling(언제든지 넘어서는 안되는 농도의 역치(threshold))

자료: (1) Encyclopaedia of Occupational Health and Safety 4th ED., ILO(1998).
(2) 산업중독편람, 정규철, 신광출판사(1995).
(3) 산업안전보건법 및 산업안전보건법 시행규칙.
김규상(2005:13), 소방공무원 건강관리, 「산업보건」; Grant(2007:17).

4. 밀폐공간에서의 질식상해

밀폐공간인 맨홀, 오폐수처리장, 저장탱크 등의 공간에서 작업시 작업자는 산소결핍이나 유해가스에 의한 질식 상해가 발생할 수 있기 때문에 호흡보호장비가 필요하다. 한국산업안전보건공단이 2009년 4월 분석한 질식재해 통계(2009.6.4)에 따르면, 최근 10년간('99년~'08년) 산업현장 질식재해자는 258명 중 194명(75.2%)이 사망한 것으로 나타났다.

[표 1-27] 연도별 질식재해 현황(1999 ~ 2008) (단위: 명)

구분	계	2008	2007	2006	2005	2004	2003	2002	2001	2000	1999
계	258	20	38	27	25	20	22	25	32	19	30
사망	194	14	31	20	22	16	21	11	26	16	17
부상	64	6	7	7	3	4	1	14	6	3	13

자료: 한국산업안전보건공단(2009.6.4).

질식으로 인한 사망사고는 상·하수도 맨홀이나 오·폐수처리장에서 집중적으로 발생하는 것으로 나타났으며, 특히 질식으로 인한 사망자의 42.3%(82명)가 6월부터 8월까지 여름철에 발생한 것으로 나타났다.

[표 1-28] 최근 10년간 월별 질식재해 사망현황 (단위: 명)

구분	계	1월	2월	3월	4월	5월	6월	7월	8월	9월	10월	11월	12월
'99 ~'08 질식사망자	194	7	9	8	17	15	32	28	22	19	15	8	14

자료: 한국산업안전보건공단(2009.6.4).

특히 여름철에는 맨홀, 정화조, 저장탱크 등 밀폐공간에서 미생물 번식이 활발해지면서 산소결핍 현상이 나타나거나 저장물의 발효 및 부패로 황화수소 등의 유해가스가 증가하기 때문에 호흡보호장비를 착용하지 않거나 호흡기 사용 및 작동 실패 시 질식재해를 당할 수 있다. 밀폐공간에서 발생한 구체적인 질식상해 사례는 다음과 같다.

[표 1-29] 밀폐공간 질식사망 및 손상사고 사례

구분	사 례
무절임 저장고 (2008.6)	경북 문경시 단무지 절임 콘크리트 구조물 내에서 절임 무를 건져내는 작업을 수행하던 중 발효과정에서 발생한 유해가스에 의해 근로자 3명이 질식으로 사망
정화조 유지보수 (2008.6.9)	대전시 아파트 정화조 유지보수 작업중 유해가스에 의한 질식으로 작업자 1명이 쓰러지자 이를 구하러 동료작업자 3명이 공기호흡기 등 보호구 미착용 상태로 정화조에 들어가다가 함께 질식되어 2명이 사망하고 2명 부상당함
기타	건설현장 맨홀작업시 산소결핍 사고, 건설현장 정화조에서의 가스질식, 폐수처리장 침전조에서의 가스질식 및 황화수소(H_2S) 중독사고, 질소에 의한 산소결핍으로 인한 질식, 윤활유 탱크 청소 작업중 사고, 선박의 부력탱크 내부에서의 산소결핍사고

자료: 한국산업안전보건공단(2009.6.4), 한국산업안전공단(2000:165～175).

제5절 공기호흡기시스템의 역량과 사용실패의 원인

1. 공기호흡기시스템의 구성요소와 역량 결정요인

(1) 공기호흡기시스템의 역량

공기호흡기시스템은 공기호흡기와 공기호흡기 사용자로 구성(SCBA system = SCBA + User)되어 있다.[34] 일종의 구조·대피안내 시스템이다. 공기호흡기의 구입 목적을 달성하려면 공기호흡기시스템의(SCBA system) 역량을 높이는 것이 중요하다. 공기호흡기시스템의 역량을 높이기 위해서는 공기호흡기 장비의 역량과 사용자 역량 간의 적절한 조합(combination)이 필요하다. 조합의 적정성(adequacy of combination)은 [그림 1-4]의 (유형 4)와 같이 양자 간 역량이 모두 높은 경우 구조대피유도 시스템의 역량이 높지만 (유형 1)과 같이 모두 낮은 경우에는 치명적인 실패를 초래할 가능성이 높다. 치명적인 실패(catastrophic failure)란 구조자(rescuer)·대피유도자(leading rescuer)가 구조활동 또는 대피유도 활동중 사망 또는 상해를 입을 가능성이 있을 뿐만 아니라 희생자(victims)·피구조자(evacuee)도 피해를 입는 경우를 말한다.[35]

---

34) Thiel(2001:2), U.S Fire Administration/Technical Report Series, Special Report: Prevention of Self -Contained Breathing Apparatus Faiiures, FEMA, USFA-TR-088/ November 2001

35) 치명적인 실패(catastrophic failure)란 대중의 주목을 받을 수 있는 충격적인 실패를 의미한다. 치명적 실패는 공기호흡기 장비자체의 결함이나 사용자의 사용방법 미숙지 등 사용실패로 인해 구조자뿐만 아니라 소개자(evacuee)인 희생자까지도 신체상의 심각한 상해를 입게 되는 것을 말한다. 예컨대, 소방관과 안전관리자가 화재연소의 부산물인 유독가스에 질식되어 사망 또는 상해를 초래하는 상황을 말한다.

[그림 1-4] 공기호흡기에 의한 구조·대피시스템의 역량의 조합

사용자의 숙련성 \ 장비의 성능유지 상태	낮음	높음
낮음	(유형 1) 치명적 실패 가능성 높음 (catastrophic failure)	(유형 2) 사용자 능력부족으로 미사용 가능성 높음 (low-order failure)
높음	(유형 3) 공기호흡기 역량 부족으로 미사용 가능성 높음 (low-order failure)	(유형 4) 공기호흡기 시스템의 효율적 사용 (success to use)

(유형 2)와 (유형 3)의 경우에는 낮은 수준의 실패(low-order failure)를 초래할 가능성이 높다. 낮은 수준의 실패(low-order failure)는 첫째, 공기호흡기 자체의 성능이 장비구입 목적을 달성할 수 없을 정도로 현격하게 떨어져 임무를 완수하지 못한 경우를 말한다. 둘째, 사용자가 장비조작 방법에 대한 지식이 없거나 지식을 습득하여도 실제 활용할 수 있는 조작 및 운영능력이 현저히 떨어져 제한적인 사용을 하게 된 경우를 말한다. 예컨대 화재건물 내부에 농연배출(smoke ventilation)을 위해 투입된 소방관의 공기호흡기 운영방법과 조작미숙으로 인해 야기된 배출지연은 후속적인 조치를 취해야 하는 타 소방대원의 신속한 화재진압활동을 지연시키는 장애요인이다(Thiel, 2009:1).

공기호흡기 사용실패를 줄이기 위해서는 공기호흡기의 유형, 구성요소, 착용방법, 응급조치절차, 유지관리 방법 등에 대한 지식을 확보해야 한다.

[표 1-30] 공기호흡기의 구성요소 및 특징

구분	내 용
SCBA 유형	개방식 호흡기(open circuit), 폐쇄형 특징(closed circuit), PASS(Personal Alert Safety System)
SCBA 구성요소	실린더 유형(cylinder assembly), 공기조절기(regulator assembly), 면체장치(face piece assembly), 등받이와 끈 등 부속품(backpack and harness)
SCBA 착용방법	어깨에 짊어지는 방법(over the shoulder method, coat method, seat mounted method, compartment or side mounted method), 면체(face piece)를 쓰는 방법
SCBA 한계	착용 후 시야제한, 민첩성 떨어짐. 상대방과 의사소통 제한
응급조치 절차	SCBA 사용절차 및 조작방법, SCBA의 안전한 사용, 적대적(hostile) 환경에서 운영방법, 응급조치절차
유지관리 방법	사용 후 유지관리, 용기교체(SCBA cylinder), 용기에 공기충전 방법, 일일 유지관리, 월간유지관리, 연간유지관리

자료: Indiana Mandatory Fire Fighter Training, MODULE 3, Nomber 2007(3-18, 3-31).

(2) 공기호흡기 역량저하 요인

공기호흡기의 치명적 사용실패(catastrophic failure)나 낮은 수준의 사용실패(low-order failure)가 발생하는 원인은 다양하지만 주로 공기호흡기 유지관리, 사용자의 장비에 대한 지식 및 숙련성 부족(user's proficiency) 등이며 좀 더 구체적인 내용과 사례를 살펴보면 [표 1-31]과 같다.

[표 1-31] 공기호흡기 사용실패 유형

구 분		내 용
유지관리 부실 및 점검소홀		공기호흡기 경보장치 불량으로 인한 미작동
		교대점검 시 용기압력 미점검으로 압력저하·미충전된 장비착용으로 인한 안전사고
		공기호흡기 양압조정기가 균열·파손된 상태로 사용, 면체불량 미점검
		밸브장치 연결부분, 중압호스와 고압호스 부분의 균열, 파손으로 공기가 누출되어 발생하는 사례
공기 호흡기 사용자의 지식 및 숙련성 부족	한국	현장활동 중 넘어짐에 의한 충격, 구조물에 의한 충격과 제한된 좁은 공간에서 사용할 경우 면체이탈·파손 등으로 안전사고
		화재현장의 특수성 때문에 경보장치 경보음인 90db 소리를 듣지 못해서 탈출시간을 놓친 사례
		진압대원이 길을 잃고 피난구를 찾지 못해 헤매이다 공기가 떨어져 질식사한 사례
		짙은 농연 속에서 공기압력 확인 없이 원거리까지 진입 후 탈출 못한 사례
		동료대원과 의사소통을 위한 진동판은 있지만 주위환경과 성능 부족으로 의사소통 전달이 안 되서 발생하는 사례
	미국	SCBA의 밸브를 완전하게 개방하지 않아 건물내부 진압 도중 현저한 기능 저하(2006.2.8)
		SCBA 공기조절기 불완전 개방과 면체불량으로 인한 흡입화상(2006.3.16)
		SCBA 밸브가 우연하게 개방돼 봄베(용기)가 공중부양(2007.3.9)
		SCBA 조작실수에 의한 공기수급이 원활치 못함(2006.10.20)
		부분적으로 개방된 용기밸브에 의한 SCBA 사용실패(2007.6.8)
		작업 도중 호스가 밸브를 감아 공기조절기를 잠금(2007.8.2)
		SCBA를 완전히 잠그지 않아 공기가 고갈됨(2007.10.6)
		훈련 도중 SCBA 용기의 작동정지(2008.10.16)

자료: 강익철(2007:17), 「공기호흡기 안전관리에 관한 연구」; National Fire Fighter Near Miss Reporting System Reports Related to SCBA Valve Mishaps(http://www.firefighternearmiss.com/data/SCBA%20Valve%20mishaps.pdf, 검색일, 2010.8.20) 참조로 저자 재구성.

2. 유지관리 부실 유형과 내용

대부분의 공기호흡기는 사용기간이 한정되어 있으나 장비의 유지관리를 어떻게 하느냐에 따라 수명이 달라진다. 적절한 안전검사 및 부속품 교체 등 관리가 제때 이루어지지 않을 경우 유사시 사용자에게 문제가 발생한다.

(1) 오염물질 부착 및 불완전한 제거

사용 후 오염물질 제거, 청소, 소독 등을 통해 제품의 산화나 부식을 방지 조치를 취해야 하고 재사용 시에는 사전성능 검사과정을 거친 후 사용해야 한다(NIOSH & IAFF, 2003:66). 공기호흡기를 재사용할 경우 사용 이전에 과거 사용한 후 화학물질, 박테리아, 다른 위해물질을 완전 제거되었는지 확인해야 한다.

공기호흡기에 남은 오염물질이 피부에 접촉할 경우 혹은 연무화 형태로(aerosolized) 되거나 공중에 떠다니게(airborne) 되어 사용자가 재사용을 시도할 때 문제를 일으킬 수도 있다(NIOSH & IAFF, 2003:63).

(2) 공기호흡기 및 부속품의 성능확인·조정·점검·교체

화재진압 업무나 특수한 공간에서 공기호흡기 사용자의 활동을 제한하는 것은 공기호흡기와 그 부속용품이 성능을 발휘지 못하는 경우이다(NIOSH & IAFF, 2003:63). 공기호흡기를 고정시켜 주는 벨트나 어깨 끈 등이 느슨하거나 잠금장치가 파손된 경우에는 과업수행의 제약요인이 될 수 있다. 사용 도중에 연결고리 파손, 느슨한 끈, 벨트잠금장치 미작동 등의 문제가 발생하지 않도록 느슨한 끈을 사전에 확인·조정·점검·교체 등을 재조정해야 한다. 그렇지 않을 경우 작업현장 주변의 기계, 거친 벽 표면, 장애물 등에 걸리거나 민첩한 진압활동에 지장을 초래한다.

(3) 장비 및 부속용품 간 연결 및 이음매 부분의 성능 취약

위기상황에서 개인호흡장비(PPE)와 마찬가지로 공기호흡기의 경우에도 본체와 부속용품을 결합하는 연결부위나 이음매 부분에서 틈이 발생할 경우 호흡기 내부 공기가 외부로 누출되거나 외부 위해물질이 면체 내부로 침입해 사용자의 건강에 위협을 줄 수 있다.[36] 공기호흡기는 본체와 부속용품과 연결된 부분이 있는데, 특히 CBRNE과 관련된 공기호흡기는 다른 공기호흡기보다 기능이 추가되므로 기기의 연결부위가 상대적으로 더 많다.

따라서 접지부분의 틈으로 위해물질이 침투방지, 사용 도중 연결부위 분리 등으로 인해 사용자가 위해물질에 노출되지 않도록 부적합성을 최소화할 필요가 있다. 예컨대, 테이프를 사용해 틈새를 막거나 혹은 예비적인 보조장비를 활용하는 방법이 있다(NIOSH & IAFF, 2003:63).

(4) 제한된 서비스가능성(limited serviceability)에 의한 사용장애

공기호흡기는 연속적인 사용기간중에도 충분한 성능을 유지해야 하므로 내구성이 강한 공기호흡기를 구입할 필요가 있다. 사용 도중 공기호흡기 호스가 끊어지지 않고 고온에도 견딜 수 있는 내화기능을 갖춘 제품을 구입할 필요가 있다. 또한 용기에 충전된 공기량이 규정보다 부족한 경우에는 업무수행현장으로부터 탈출을 어렵게 한다.

---

36) 방호복의 경우 상의방호복와 하의방호복 간 연결부위, 상의방호복과 두건(hood) 간의 이음매 부위, 두건과 정화필터 간 연결부위, 상의방호복 소매와 장갑과 연결부위, 하의방호복과 신발 간의 연결부위 등에도 틈이 발생할 경우 사용자가 위해에 노출된다.

반복적으로 사용한 공기호흡기는 내구연한이 남아 있어도 성능이 떨어질 수 있기 때문에 교체해야 한다. 그러나 일부 기종은 사용자의 세밀한 검사가 불가능한 경우도 있다. 즉 기기를 해체하지 않고서는 검사가 불가능한 공기호흡기는 사용자가 성능에 대해 쉽게 확인·판단할 수 없다. 대개 이런 경우는 제조회사가 쉽게 이해할 수 있도록 상세한 설명서를 제공하지 않고 유지관리 및 수선을 위한 부품도 제공하지 않기 때문이다.

따라서 공기호흡기 구입 시 검사방법, 유지관리 및 수선방법이 쉬운 공기호흡기를 선택할 필요가 있다(NIOSH & IAFF, 2003:66). 공기호흡기의 유지관리의 내용과 유지관리실패 시 초래할 수 있는 신체적 위해는 및 완화방안을 요약하면 다음과 같다.

[표 1-32] 공기호흡기 장비 유지관리 부실로 인한 위해와 완화방법

개인장비 위해	영향을 받는 신체부위	위기대응 시 발생 사례	완화방법
오염물질이 묻은 경우	신체 전부위와 (entire body) 호흡기 시스템	오염발생 장소에서 사용	오염물 부착이 잘되지 않은 PPE, 일회용 PPE 사용, 오염제거 작업
느슨한 끈과 부속품	신체 전부위, 팔, 손	면체와 멜빵 끝이 느슨한 상태에서 사용	낮은 프로파일 PPE 사용, 느슨한 끈 확인
착용 및 사용빈도 증가에 따른 성능저하	신체 전부위	PPE 사용시	내구연한 동안 보호기능을 충분히 수행할 수 있는 내구성을 가진 제품 선택
유용성 저하 (difficult serviceability)	신체 전부위	PPE 사용시	검사나 서비스가 쉬운 유용성 높은 PPE 선택

자료: NOISH & IAFF(2003:61~62), 「PROJECT HEROES Homeland Emergency Operational and Equipment Systems」

3. 사용자의 숙련성 저하요인

(1) 사용자의 신뢰성과 장비운영 지식 및 숙련도

사용자의 신뢰성은 유사시 공기호흡기 운영·조작에서 인적인 실수(human error)를 최소화하는 것으로 "사용자의 숙련도(user's proficiency)"를 높이는 것과 밀접한 관련이 있다. 사용자의 숙련성은 "공기호흡기에 대한 지식"과 "사용자의 훈련(drilling)"을 통해 장비운영기술을 숙달(skillful)시켜 유사시 인적인 실수를 줄이는 "소프트웨어 측면"의 신뢰성을 의미한다. "사용자의 숙련도(user's proficiency)"를 높이는 방법은 강의와 토론을 통한 이해교육과 실제적 연습훈련(practical exercise) 등이 있다.

첫째, 사용자의 지식은 장비에 대한 특성, 작동원리, 장비의 유형 및 구성요소, 조작방법 및 한계점 등에 대한 이해(literacy)를 말한다. 사용자의 장비에 대한 이해는 기계와 사람 간의 상호작용을 통한 교감을 의미하는 것으로 장비의 속성에 대한 이해와 장비계기판의 수치변화에 대한 이해를 말한다.

둘째, 사용자의 낮은 숙련성(user's proficiency)은 지식부족이 원인일 수도 있지만 지식은 있어도 훈련에 태만할 경우 인적인 실수가 발생할 수 있다. 화재진압 현장에서 사용자가 짙은 농연 속에서 공기압력과 공기량을 확인하지 않고 원거리까지 진입해 회귀시간을 놓칠 수 있다.[37] 예컨대, 화재현장에서 인명구조나 고강도의 노동활동 등으로 육체적으로 힘든 극한적 작업을 수행하는 경우에는 30분용 공기호흡기는 10분에서 15분 정도 지나면 공기가 고갈되는데 이런 사실을 모를 경우 현장철수 시점을 잘못 계산해 피해를 입을 수 있다.[38]

---

37) Point of No Return.

38) Federal Emergency Management Agency, United States Fire Administration, National Fire Data Center, Fire Fighting Retrospective study, April 2002/FA-220.

이외에도 구조 및 진압현장에서 적절한 대응시기를 놓치게 하는 요인인 "호흡기 착용시간 지연," 조작순서의 "생략(omission)" 및 "순서혼동(sequence)" 등은 실천훈련 부족에 기인한 경우가 많다. 조작방법이 사용자에게 완전하게 숙지되고 익숙해질 때까지 실제상황과 같은 조건에서의 계속적인 모의훈련(simulation)과 숙달연습(drilling)이 필요한 이유는 바로 장비에 대한 친숙성(familiarity)을 높이기 위한 것이다. 공기호흡기 사용방법은 [표 1-33]과 같다.

[표 1-33] 공기호흡기 사용방법

1. 먼저 봄베(cylinder)를 등에 지고 겨드랑이 끈을 당겨서 조정한다. 가능한 한 봄베가 등의 위쪽으로 가도록 함이 활동에 편리하다. 다음으로 가슴 끈과 허리끈을 몸에 꽉 맞게 조정한다.
2. 마스크를 쓰게 되면 좌우 4개의 끈을 1조씩 동시에 당겨서 밀착시킨다.
3. 흡기관을 두 겹 강하게 하고 숨을 들이쉬어 기밀을 확인한다.
4. 압력계의 지시계수가 30kg/㎠ 이하로 내려가거나 경보기가 울리게 되면 곧바로 작업을 중지하고 산소결핍의 위험이 없는 안전한 위치로 되돌아온다.
5. 안전한 위치로 되돌아오면 마스크를 벗고 봄베를 교환한다. 봄베의 교환 시에는 잔류압을 확인하며, 접속부에 먼지가 끼지 않도록 주의하여야 한다.
6. 어떠한 원인에 의하여 흡기가 불가능하게 되더라도 당황하여 마스크를 갑작스레 잡아당겨서 벗으려고 하여서는 아니 된다. 조정장치의 감압밸브에 부착되어 있는 바이패스 밸브를 조금씩 열어 흡입하면서 안전한 위치로 탈출하여야 한다. 바이패스 밸브가 부착되어 있지 않은 경우에는 앙볼과 면체 사이에 손가락을 넣고 이 틈 사이로 공기가 들어오게 한다. 그러나 산소결핍상태의 외부공기를 될 수 있는 한 적게 흡입하면서 탈출한다.

자료: 한국산업안전공단(2000:114), 「산소결핍장소에서의 작업안전」.

(2) 장비 자체의 특성으로 인한 조작·운영의 제약

대부분의 공기호흡기 기기는 위해를 차단하고 사용자의 보호기능을 강화하는 경향이 있어 사용자의 민첩한 활동을 제한하는 경우가 많다. 공기호흡기는 기종에 따라 무게, 부피, 용량, 특수기능 등이 다르지만 사용자의 업무활동을 둔하게 하는 제약요인이 있는데 구체적인 내용은 다음과 같다.

첫째, 사용자의 이동거리와 활동범위를 감소시킬 수 있다. 공기호흡기 기기의 부피가 크고, 무겁고, 두꺼운 경우 사용자의 행동범위는 좁고, 움직임이 둔하게 된다. 사용자 보호를 위한 다양한 장치를 추가해 공기호흡기가 무겁고 두꺼울 경우 좁은 출입구, 구멍, 해치 등을 쉽게 출입 혹은 퇴출할 수 없다. 또한 제한된 활동으로 인해 사용자가 낙상하거나, 발이 걸려 넘어질 수도 있어 근로자가 위기상황에서 탈출할 능력을 감소시킬 수도 있다(NIOSH & IAFF, 2003:64).

공기호흡기를 사용하는 소방관, 위기대응자 등이 이동하는 데 추가적인 에너지가 소요된다는 점은 신체적인 스트레스를 증가시키는 요인이 된다. 이처럼 사용자의 보호기능을 증가시킬 경우 민첩한 이동을 어렵게 하므로 보호기능과 편리성을 고려하는 인체공학(ergonomics) 측면과는 상충성이 발생한다.

공기호흡기 기기선택 기준은 사용자 보호기능을 약화시키지 않으면서 이동성을 최대화할 수 있는 공기호흡기를 선택하는 것이 중요하다(NIOSH & IAFF, 2003:64).

둘째, 사용자가 능숙하게 손을 사용하거나 물건을 잡기 어렵게 할 수 있다. 공기호흡기 기기가 인체공학적 측면보다 보호 측면을 강화할 경우 사용자의 손기능이 자유롭지 못하다는 단점이 있다. 장갑을 낀 상태에서 기기를 조작할 경우 숙련성(dexterity) 감소, 접촉을 통해 물체를 감지하는 능력인 촉지성·감촉성(tactility) 감소, 시야 제한, 단단히 붙잡기·쥐기(grip) 능력 감소 등의 현상이 나타날 수 있다(NIOSH & IAFF, 2003:65).

셋째, 장비착용 상태에서의 의사소통 제한이다. 위기상황에서 공기호흡기를 착용한 사용자의 의사소통의 중요성은 적절한 대응조치를 수행하는 데도 중요한 역할을 하지만 사용자의 건강과 안전에도 영향을 미친다. 사용자가 공기호흡기를 착용한 상태에서 듣기와 말하기 기능이 제한될 경우 위기상황에서 동료들과의 의사소통을 어렵게 한다.

호흡기 면체와 두건은 사용자의 입과 귀를 막음으로써 의사소통을 제한할 수 있고 이로 인해 진압활동에서 적절한 공조와 특별한 돌발상황 발생 시 퇴출할 기회를 놓칠 수 있다. 사용자의 의사소통 장애를 최소화할 수 있는 공기호흡기를 선택하는 것이 중요하다(NIOSH & IAFF, 2003:65).

(3) 훈련과 연습을 통한 숙련도 향상 및 제약요인 학습

공기호흡기 기기 조작·운영의 미숙함을 개선하기 위해서는 훈련을 통해 숙련성을 높이는 방안을 고려해 볼 수 있다.

첫째, 장비착용·탈의 기술 및 장비사용 능력을 제고하는 것이다. 사용자가 공기호흡기를 착용하고, 신체에 적합한 상태로 조정하고, 탈의하는 기술을 익히도록 하는 훈련이 필요하다. 장비조작 및 운영의 숙련성이 부족할 경우 사용자의 사기를 떨어뜨릴 뿐만 아니라 위기 시 적절한 대응 시간도 놓치게 된다(NIOSH & IAFF, 2003:66). 장비착용 상태에서 사다리 운반, 물건을 드는 동작, 소방호스 끌기, 환풍시스템 가동 등과 같은 업무에서 숙련도를 높여야 유사시 적절한 대응을 할 수 있다. 예컨대 물건을 들 때 허리를 지지하거나 보호하는 능력이 떨어질 수 있고, 바닥이 평평하지 않은 경우에는 발목을 지지하거나 보호하기 어려운 경우가 있기 때문이다. 현재 우리나라에서는 소방장비 사용자의 장비사용의 숙련성을 높이기 위해 「소방장비조작 및 훈련기준」을 마련하고 있다. 여기서는 공기호흡기 조작을 할 때에는 유의해야 할 사항은

① 기구에 충격을 주거나 떨어뜨리지 말 것, ② 흡기관 및 고압도관이 뒤틀린 상태에서 사용하지 말 것, ③ 조작중에는 수시로 압력계의 상황을 확인할 것, ④ 이상이 있을 때에는 곧바로 조작을 중지하고 적절한 조치를 할 것, ⑤ 공기통의 교체요령에 대하여도 미리 훈련하여 둘 것, ⑥ 장착요령 및 교체요령에 대하여도 어두운 곳에서 미리 훈련하여 둘 것 등이다(제55조). 이외에도 「소방장비조작 및 훈련기준」에서는 공기호흡기의 몸통장착(제57조), 공기호흡기 면체장착(제58조), 옥내진압(59조), 철수(제60조), 공기호흡기의 탈착(제61조) 등에 관한 훈련방법을 제시하고 있다.

둘째, 사용자의(작업자)의 잠재적인 열 스트레스를 학습한다. 실제 상황과 거의 유사한 모의훈련은 실제상황에서 발생할 수 있는 제약요인과 예상치 못한 문제점을 미리 경험할 수 있기 때문에 개선할 기회를 가질 수 있다.

고온과 습기가 많은 상황에서 훈련할 경우 장비의 재질과 사용자의 피부와 부조화를 이루는 생리학적 스트레스(physiological stress)를 미리 경험할 수 있다. 즉 면체의 라텍스 재질은 사용자의 피부 알레르기를 유발하는 경우가 있다(NIOSH & IAFF, 2003:66). 또한 공기호흡기를 착용하는 동안에 열 스트레스를 경험할 수 있다. 열 스트레스는 열 환경에 만족을 표할 수 없는 마음의 상태, 즉 열적 쾌적감(thermal comfort) 저하상태에서 발생한다. 열적 쾌적감은 "열 쾌적성" 혹은 "열 환경"으로 기술하기도 하는데 "열 환경에 만족을 나타내는 기준의 상태"이다.[39]

셋째, 사용자의 시야 제한 및 허리긴장 증후군을 인지하는 것이다. 공기호흡기는 사용자의 눈을 보호하는 보호막으로 면체, 안경, 후드, 투구 등을 사용하는데, 이는 사용자의 시야를 흐리게 할 수 있다.

눈을 보호하기 위한 특수 보호장치는 시각을 확보하는 데 장애요인이 될

39) ISO Standard 7730, 1990, Moderate thermal environments Determination of PMV and PPD indices and specification of condition for thermal comfort, International Standards Organization, Geneva.

수 있다. 즉 특수 보호기능과 인체공학적 기능은 상충되는 경우가 있기 때문이다(NIOSH & IAFF, 2003:65). 무겁고 부피가 큰 공기호흡기를 착용하는 것 이외에도 무거운 물건을 들거나 끊임없는 활동은 허리긴장(back strain)을 유도할 수 있다.

[표 1-34] 공기호흡기 사용자가 인지해야 할 제약요인 및 위해유형

개인장비 위해	영향을 받는 신체부위	위기대응 시 발생 사례	완화방법
상대방과의 의사소통 장치의 성능 취약	목, 머리, 얼굴, 손목, 관절	운영시 인터페이스가 잘 되지 않은 영역이 발생함	공동작업이 가능하도록 설계된 PPE 사용, 인터페이스 커버하는 보조 PPE 사용
민첩한 이동이 어려운 PPE	신체 전체 머리 팔 다리	부분적 신체 PPE 사용	보호기능을 상실하지 않은 상태에서 민첩한 이동 가능한 PPE 사용
손사용이 어려운 PPE	손	장갑 사용시	필요한 보호기능을 손실없는 조건에서 손사용이 가능한 장갑 사용
시야가 손상된 PPE	눈	안경과 면체 사용, 눈보호 기능 PPE	필요한 보호기능의 손실이 없는 조건에서 시야가 확보되는 PPE
의사소통이 어려운 PPE	대화 듣고 말하기	듣고 말하기 어려운 PPE 사용	상대방과 통화가능한 장치가 설비된 PPE
등 보조력 부족 (back support)	몸통(torso)	리프팅이 요구되는 곳에서의 PPE 사용	보조 등보조대, 등보조 벨트
PPE 사용상 어려움	모든 영역 (all area)	착용, 탈용, 사용, 조정(adjusting)	착용 및 사용훈련교육, 사용이 편리한 제품사용
열 스트레스 잠재성 증가	신체 전체	높은 열과 습한 조건에서 PPE의 부분·전체적 사용	고열과 습기에 의한 환경위해([표 1-6])

자료: NOISH &, IAFF(2003:61~62), *PROJECT HEROES Homeland Emergency Operational and Equipment Systems*.

이처럼 장비 자체의 특성으로 인한 사용자의 활동상 제약을 완화하기 위해서는 다양한 훈련이 필요하다. 즉 기존장비를 사용해 실제 혹은 가상적 업무수행 하면서 사용자의 행동을 제약하는 문제점이 어떤 것이 있는지 유심히 관찰하고 성능과 민첩한 활동 간에 상충되는 측면을 개선할 필요가 있다.

4. 공기호흡기 수요대비 공급비율 균형과 외부 역량과의 조합 여건

(1) 수요대비 공급비율

위해환경에 노출된 자들에게 공기호흡기 기기를 충분히 보급하지 않을 경우 유사시 주어진 임무를 효율을 수행하는 데 제약요인이 될 수 있다.

즉 소방관, 경찰특공대, 위기대응자, 응급의료서비스 제공자, 특정소방대상물의 안전관리자(방화관리자) 등에 대한 수요대비 공급의 불균형(supply-demand unbalance)이 발생할 경우 사용실패의 원인이 된다. 수요대비 공급이 부족할 경우 구조자(rescuer)와 대피안내자(the leading rescuer)뿐만 아니라 화재현장의 대피자(evacuee)와 희생자(victims)들을 구조할 수 없게 될 수도 있다.

소방관의 경우 건물 내부·외부 화재진압뿐만 아니라 화재진화 후 정밀조사 작업을 수행 시에도 공기호흡기(SCBA)를 주로 사용하는데,[40] 미국 소방관의 경우 공기호흡기 미사용 사례가 빈번하게 발생하고 있는 것으로 나타났다. 미국 화재보호연구재단(Fire Protection Research Foundation)이 2007년 공기호흡기 사용실태에 관한 인터넷 설문조사를 실시한 결과에 의하면 조사에 응답한 130개 소방서의 경우 미사용 사례가 발생한 것으로 나타났다.[41]

---

40) During Actual fire Extinguishment operation phase & post fire extinguishment phase.

41) 온라인 설문조사에 응한 130개 소방서를 살펴보면 인구 1백만 명 이상인 지역의 소방업무를 담당하고 있는 대형소방서가 13개소, 500,000~999,999명 담당 소방서가 7개

[표 1-35] 미국 소방서의 호흡보호장비 사용사례

		OC-SCBA	CC-SCBA	여과 마스크	기타	미사용
건축물 및 시설물 내부 화재	진압활동	126	5	0	1	0
	천장 환기작업 (roof ventilation)	118	5	0	1	5
	화재조사작업 (overhaul)	102	3	23	1	15
	화재현장조사 (on site)	40	1	40	7	43
	현장지휘활동 (command)	11	0	0	3	76
	기타 내부 활동	14	1	5	1	20
외부 화재사건	위해물질 사고	119	9	7	2	4
	자동차 화재	116	4	0	1	9
	공장 쓰레기통 화재 (dumpster)	99	2	0	2	22
	방어 진압 (defensive)	67	3	2	8	41
	산불	14	0	20	3	64
	기타 외부 활동	6	0	0	0	14

자료: Grant(2007:37), Respiratory Exposure Study for Fire Fighters And Other Emergency Responders, The Fire Protection Research Foundation.

미국 소방국의 조사에 의하면 규모가 큰 소방서의 경우는 대부분의 교대근무 소방관은 SCBA를 100%갖추고 있었으나 인구 5만명 이하의 지역에 설치된 소방관서는 5%만 SCBA를 갖추고 있다는 점은 소방관별로 충분한 공기호흡기를 지급하지 않은 것으로 볼 수 있다.

소, 250,000~499,999명 담당 소방서가 9개소, 100,000~249,999명 담당 소방서가 24개소, 50,000~99,999명 담당 소방서가 26개소, 25,000~49,999명 담당 소방서가 18개소, 10,000~24,999명 담당 소방서가 16개소, 9,999명 이하 담당 소방서가 17개소이다.

그리고 관할 지역내 인구 규모가 작을수록 공기호흡기를 충분히 지급하지 못하고 있는 것으로 조사되었고, 특히 인구 2,500명 이하의 지역에서 교대근무 소방관 3/4이 공기호흡기 장비를 갖추고 있지 않은 것으로 나타났다.42)

[표 1-36] 소방서비스 지역 인구규모별 SCBA 구비 비율(2002년 기준)43)

관할지역 내 인구	교대근무 소방관 모두가 SCBA를 갖춘 소방서
1,000,000 or more	100%
500,000 to 999,999	100%
250,000 to 499,999	96%
100,000 to 249,999	98%
50,000 to 99,999	95%
25,000 to 49,999	89%
10,000 to 24,999	77%
5000 to 9,999	52%
2,500 to 4,999	33%
under 2,500	23%

NFPA가 2002년 소방관의 개인용 호흡장비 및 장비의 가용성(availability)을 조사결과에서도 인구 규모가 작은 지역 소방서는 공기호흡기 공급부족 비율이 높은 것으로 나타났다. 인구 규모가 2,500 이하인 소방서의 공기호흡기 부

42) Grant(2007:27), Respiratory Exposure Study for Fire Fighters And Other Emergency Responders, The Fire Protection Research Foundation.

43) 1. U.S. Fire Administration, "Four Years Later-A Second Need Assessment of the U.S. Fire Service," A Cooperative Study by U.S. Public Law 108-767, Title XXXVI, FA-303, October 2006, Available for NFPA, Quincy MA, P.68.

2. Based on a 2005 stratified random sample survey sent to roughly half the approximate 30,000 career volunteer, and combination fire department in the united states. result are based on response to a question asking "How many emergency responders on duty on a single shift can be equipped with SCBA," with possible answers of "all," "most," "some," or "None."

족 비율은 48%인 것으로 조사되었으나 인구규모가 1백만 이상인 소방서의 경우는 대부분 공기호흡기를 지급하고 있는 것으로 나타났다.44)

[표 1-37] 소방서비스 지역규모별 공기호흡기 부족비교(2002년 기준)

지역 내 인구규모	소방서 수	현장교대 근무 소방관 (Active Fire Fighter Each Shift)		
		SCBA 부족	10년 경과한 SCBA	경보기(PASS) 미부착
1,000,000 or more	13	0%	26%	0%
500,000 to 999,999	38	2%	13%	1%
250,000 to 499,999	64	2%	21%	3%
100,000 to 249,999	215	2%	24%	3%
50,000 to 99,999	487	3%	25%	3%
25,000 to 49,999	1,053	7%	27%	8%
10,000 to 24,999	2,843	13%	33%	13%
5000 to 9,999	3,629	26%	38%	27%
2,500 to 4,999	4,572	37%	41%	40%
under 2,500	13,440	48%	53%	58%
Total	25,354	36%	45%	42%

자료: 2002 NFPA Survey Statistics; NOISH &, IAFF(2003:9), *PROJECT HEROES Homeland Emergency Operational and Equipment Systems*에서 재인용.

44) NOISH &, IAFF(2003:9), *PROJECT HEROES Homeland Emergency Operational and Equipment Systems.*

인구 규모가 작은 지역의 경우 소방서는 많이 있지만 대부분 자원봉사소방관으로 운영되고 있다는 점을 고려할 때 자원봉사소방관으로 구성된 소방서의 경우 공기호흡기 지급비율이 낮은 것으로 이해할 수 있다. 왜냐하면 미국은 30,542개의 소방서(department)가 있는데 이중 소방관 모두가 직업소방관(career firefighter)인 소방서는 2,018개이고, 모두 자원봉사소방관(volunteer firefighter)인 경우는 21,671개소이다.[45]

[표 1-38] 미국 소방서의 다양한 인력구성

연도	총수	모두 직업소방관 (all career)	대부분 직업소방관 (mostly career)	대부분 자원봉사 (mostly volunteer)	모두 자원봉사 (all volunteer)
2005	30,542	2,018	1,582	5,271	21,671
2004	30,310	2,044	1,480	4,886	21,900
2008	30,170	2,315	1,790	4,830	21,235

자료: National Volunteer Fire Council(2005:1; 2004:1)), 2005 Fact Sheet, 2004 Fact Sheet; The U.S. Fire Department Profile Through 2008.

소방서 개수대비 소방관별 구성 비율을 보면 모두 직업소방관인 경우는 5.8%이고 모두 자원봉사소방관인 경우는 75.7%인 것으로 나타났다. 또한 관할 지역 내 인구규모[46] 대비 소방관별 업무담당비율은 모두 직업소방관인 경우는 40.3%이고 모두 자원봉사소방관인 경우는 25.9%인 것으로 나타났다.

45) 미국의 소방서는 county, municipality, or organized fire district 관할구역에서 소방서비스를 수행하며 공공조직과 민간조직으로 구성되어 있다. 미국은 민간인단체가 소방서 및 앰뷸런스 기능을 지방정부와 계약하여 운영하는 곳이 많이 있다. 민간소방서의 장점은 사기업체 경영방식으로 운영하므로 소방공무원으로 구성된 소방서보다 경비가 저렴하다. 미국 전역 122개 지방정부에서 민간에 위탁하여 소방서를 운영하고 있다. 뉴욕 주에는 20개 정도의 민간소방서가 있다. 독일의 경우도 정부에서 인증을 받은 800개의 민간소방서가 있다.

46) Population of Protected Jurisdiction.

[표 1-39] 인구 및 소방서 개수 대비 소방관별 구성 비율

구분	모두 직업소방관	대부분 직업소방관	대부분 자원봉사소방관	모두 자원봉사소방관
소방서 개수 대비 소방관별 구성 비율	5.8%	4.6%	13.9%	75.7%
인구대비 소방관별 업무담당비율	40.3%	18.2%	15.6%	25.9%

자료: FEMA, U.S. Fire Administration 2002 Survey of the need of the Fire Service; PROJECT HEROES(2003:4), Homeland Emergency Operational and Equipment Systems, 「NOISH &, IAFF」에서 재인용.

그리고 미국소방서의 소방관수는 2008년 기준으로 1,148,850명인데 이 중 직업소방관은 321,700명(28%)이고 자원봉사소방관이 827,150명(72%)이다.[47] 직업소방관의 74%는 주로 인구 25,000명 이상의 커뮤니티(communities)에서 근무하고 있고, 자원봉사소방관의 94%는 주로 25,500명 이하의 소규모, 시골지역의 소방서(departments)에서 근무하고 있다.

---

47) The U.S. Fire Department Profile Through 2008.

[표 1-40] 미국소방서의 인구 수 대비 경력직·자원봉사 소방관의 구성비율 (단위: %)

인구	모두 직업소방관	대부분 직업소방관	대부분 자원봉사소방관	모두 자원봉사소방관	총계
1,000,000 or more	77.8	22.2	0.0	0.0	100.0
500,000 to 999,999	62.5	29.2	8.3	0.0	100.0
250,000 to 499,999	77.4	22.6	8.7	0.0	100.0
100,000 to 249,999	86.3	11.3	1.3	1.3	100.0
50,000 to 99,999	72.6	17.8	7.7	1.9	100.0
25,000 to 49,999	37.7	23.6	30.2	8.5	100.0
10,000 to 24,999	17.1	19.0	43.5	20.4	100.0
5000 to 9,999	4.2	7.1	36.5	52.2	100.0
2,500 to 4,999	1.3	1.5	16.9	80.3	100.0
under 2,500	0.3	0.6	5.1	94.0	100.0
All Department	6.6	5.2	17.3	70.9	100.0

자료: U.S. Fire Department Profile Through 2003. National Fire Protection Association, Quincy, Massachusetts, October, 2003.
National Volunteer Fire Council(2005:3), "volunteer and paid firefighters in the U.S. by population protected, 2002," 2005 Fact Sheet에서 재인용.

미국의 소규모 인구지역의 경우 공기호흡기 사용자의 수요대비 공급비율이 낮은 이유는 장비가 고가이기 때문인 것으로 추정된다. 2004년도 기준으로 공기호흡기 대당 가격은 4,500달러 정도이다.

[표 1-41] 미국의 소방장비 및 응급의료장비의 가격

장 비	가 격
보호복(Protective Clothing)	$ 2,000
공기호흡기(SCBA)	$ 4,500
펌프(fire pumper)	$ 150,000～$ 400,000
사다리 소방차(Ladder truck)	$ 400,000～$ 750,000
앰뷸런스(Ambulance)	$ 80,000～$ 150,000
생명보조 의료장비(life support medical equipment)	$ 10,000～$ 30,000

자료: National Volunteer Fire Council(2005:5), 2005 Fact Sheet, 2004 Fact Sheet.

미국 워싱턴 주 Mercer Island 시의회의 2007년 장비구입 예산목록을 보면 1세트당 기본형이 4,945달러이고 통신장비와 경보장치 등 안전장비가 추가된 장비는 약 5,800달러 수준이다. 그러나 장비를 구입할 수 있는 충분한 예산을 확보하지 못하는 경우가 있다.

[표 1-42] Mercer Island 시의회의 호흡보호장비 구입 예산요구 목록(2007년 기준)

구분	항목(Item)	개수	가격($)	총계($)
SCBA 총비용	SCBA	28	4,945	138,460
	Spare Bottle	20	980	19,600
	Shoulder Quick Fill Attachment	28	200	5,600
	Buddy Breather Hose	28	400	11,200
	Spare Masks(W/HUD)	12	810	9,720
	Mask Voice Amplifiers	40	345	13,800
	Radio Communication Interface	10	1.02	10,210
	Rapid Intervention Team(RIT) Pack	3	3,600	10,800
	Mask Bag	40	15	600
	계		12,316	219.990
보조용품 유지(ancillary maintenance) 및 테스트 장비 비용	Fit Test Unit	1	12,000	12,000
	Posicheck III flow Test Bench	1	9,000	9,000
	Tools and Maintenance Equipment	1	1,800	1,800
	Certified Maintenance Class	2	410	820
	계	5	23,210	23,620
압축기 비용	Compressor- 4Stage 6000 PSI	1	26,500	26,500
	Cascade Bottle Storage System	1	1,500	1,500
	Fill Station	1	8,500	8,500
	계	3	36,500	36,500

자료: Mercer Island, WA(2007:5), Business Of The City Council City Of Mercer Island, 뮤 4189, June 4, Regular Business.

공기질의 급격한 변화가 예상되는 위험공간과 장소에서 노출되는 소방관의 경우 직업적 위험에 노출되므로 적정한 공기호흡기의 공급이 이루어져야 한다. 뿐만 아니라 특정소방대상물의 경우에도 소유자·점유자·관리자는 유사시 공기질의 변화에 대비해 대피자들이 외부로 탈출할 수 있도록 공기호흡기를 확보해야 한다. 그러나 탈출·대피자들의 수요대비 공급량이 부족할 경우 대피에 어려움이 있어 우리나라의 경우 적정량의 공기호흡기를 확보하도록 법률에서 규정하고 있다.

(2) 공기호흡기시스템의 내·외적 역량 조합(combination)

특정소방대상물의 자체적인 공기호흡기시스템 역량은 "자체 공기호흡기의 성능"과 "안전관리자(방화관리자)의 운영능력"으로 조합되어 있는데 이는 내적 공기호흡기시스템의 내적인 역량(Internal capability)은 유사시 특정소방대상물 공간내의 대피자 피난을 유도하거나 안내하는 최소한의 역량이다. 만일 특정소방대상물 자체 공기호흡기시스템의 역량이 부족하거나 혹은 수요대비 공급량이 절대 부족할 경우 소방관서와 같은 외부 공기호흡기시스템의 지원을 받을 수 있다.

외적 공기호흡기시스템인 소방관서는 유사시 희생자와 대피자의 구조가 주요 목적 중의 하나이기 때문에 양자 간의 적절한 조합은 자연스러운 것이다.

내·외적인 공기호흡기시스템을 모두 포함한 전체 구조 및 대피시스템(rescue and escape system)은 [그림 1-5]와 같이 나타낼 수 있다.

[그림 1-5] 통합적 구조·대피유도시스템의 조합

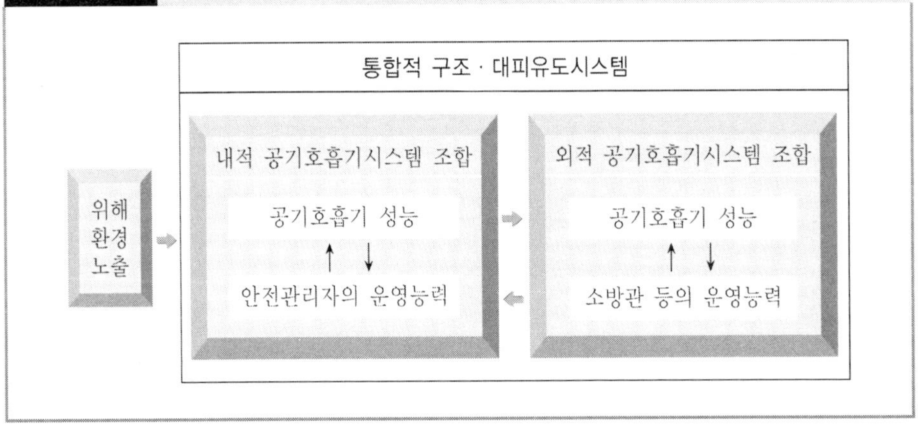

통합적인 공기호흡기 구조·대피시스템의 운영이 필요한 또 다른 이유는 자체 구조·대피유도시스템은 위해환경이 발생한 장소 내부에서 외부로 탈출·대피·소개하는 동선인 반면, 소방관서의 동선은 외부에서 내부로 투입하여 희생자를 구조 및 소개하기 때문이다.

내부 역량조합이 적절할 경우 과업수행을 성공적으로 종결시킬 수 있지만 그렇지 않을 경우 외부 역량조합의 지원을 받아 자체역량 조합의 부적정성(inadequacy)을 보완해야 하기 때문이다.

특정 장소내 공기의 질이 유해환경(hazard environment)으로 급격히 변화될 경우 [그림 1-6]의 (유형 1)과 같이 내적 역량과 외적 역량의 순차적 실패하는 통합적 공기호흡기시스템 역량이 부족현상이 나타날 수 있다.

[그림 1-6] 내·외적 조합과 공기호흡기시스템의 적정성

외적 공기호흡기 시스템 \ 내적 공기호흡기시스템(공기호흡기 + 사용자)	failure to use	success to use
failure to use	(유형 1) 실패의 연속적 확산 (catastrophic failure)	(유형 2) 내적 과업수행 적정성 (internal performance adequacy)
success to use	(유형 3) 외적 과업수행 적정성 (external performance adequacy)	(유형 4) 전체 과업수행 적정성 (total performance adequacy)

Chapter 02

공기호흡기의 안전규제 사례분석

제1절 공기호흡기 본질적 안전성 및 유지관리

1. 사용실패를 초래하는 단계별 원인

공기호흡기의 사용실패란 "화재·테러사건·밀폐공간 등 위해환경에 노출된 사용자가 공기호흡기를 사용할 수 없거나, 사용한다 해도 그 성능이 떨어져 원래 목적을 달성하지 못하는 낮은 성과를 초래하는 것"을 말한다. 사용실패를 초래하는 원인은 생산단계와 예방적 유지관리단계에서 찾을 수 있다.

생산단계에서는 생산자(용기제작자, 공기호흡기제작자)가 불법·불량제품을 생산함에 따라 발생하며 이로 인해 제품의 본질적 안전(inherent safety)이 훼손된다.

따라서 생산단계에서는 용기 제작자와 공기호흡기 제작자가 본질적으로 불안전한 제품을 생산하지 않도록 규제할 필요가 있다. 또한 예방적 유지관리

[표 2-1] 사용실패를 초래하는 단계별 원인

구분	관리대상	해당자	사용실패 원인
생산 단계	용기 제작	용기제작자·수입자	본질적 불안전한 용기생산
	공기호흡기 제작	공기호흡기 제작자	본질적 불안전한 공기호흡기 생산
예방적 유지관리 단계	자체 및 외부지원조직의 유지관리 부실	관리자·사용자	공기질 관리, 면체 밀착도, 부품교환 등
	사용자의 역량	관리자·사용자	사용자의 숙련성 부족
	공기호흡기 용기·부속품 폐기	관리자·사용자·폐기업체	폐용기 파기규정 미준수
	수요 대비 공급비율 조정	구매자·관리자·사용자	공급부족 또는 사용인력 부족

단계에서는 관리자와 사용자의 부실한 유지관리, 공기호흡기 용기 및 용기부속품의 폐기처분 규정 미준수로 인하여 발생할 수 있다.

공기호흡기의 관리자·사용자가 그 성능을 일정수준 이상으로 유지하도록 하거나, 사용중 훼손되거나 노후화된 공기호흡기를 폐기처분하도록 하는 예방적 유지관리(preventive maintenance)가 필요하다.

2. 본질적 안전성과 유지관리 역량

(1) 공기호흡기의 신뢰성

유사시 공기호흡기(SCBA)의 사용실패(failure to use)가 발생하지 않도록 하고 과업수행 적정성을 유지하려면 공기호흡기의 신뢰성을 높여야 한다. 공기호흡기의 신뢰성은 "주어진 조건하에서 공기호흡기가 유사시 제 기능을 발휘할 수 있는 수준"을 말한다. 신뢰성은 "인명관련 장비로서 해당 기기가 생산될 당시 제품의 질에 대한 신뢰성"과 "구입 후 사용자의 예방적 유지관리 역량에 대한 신뢰성"으로 구분할 수 있다.

공기호흡기 기기의 신뢰성은 공기호흡기를 구성하고 있는 "용기(cylinder)와 부속용품(attachments)의 신뢰성"을 의미한다. 여기서 용기는 공기 저장용 고압공기용기[1]를 말하고 용기부속품은 면체(mask), 압력지시계, 경보장치, 공급밸브, 배기밸브, 감압밸브, 등지게, 급기호스 등과 같은 주변기기를 말한다.[2] 용기와 용기부속품의 신뢰성은 제품생산단계에서부터 폐기단계까지 불법·불량제품이 생산·유지 관리되지 않도록 함으로써 확보될 수 있다. 이러한 제품의 질 확보를 위한 노력과 유지관리를 생산자나 사용자가 자율적으로 이행하지 않는 경우가 많아 정부규제를 통해 공기호흡기(SCBA)의 안전성을 확보하고 있다.

(2) 공기호흡기 제품의 본질적 안전성

제품 품질의 본질적 불안전(inherent unsafety)을 제거하는 방법은 제조업자가 불법·불량공기호흡기를 생산하지 않도록 사전적으로 통제·차단하는 것이다. 생산자에 대한 정부규제는 제조회사의 제품설비기준, 재료사용기준, 자체제품검사기준 등을 정하고 생산자가 그 기준을 준수하도록 하는 것을 말한다.

제조업자가 비용절감을 위해 부실한 재료를 사용할 수도 있고, 설계를 변경할 수도 있다. 이 경우 그 제품은 생산단계부터 태생적으로 불안전한 상태이기 때문에 사용자가 아무리 주의를 기울여도 유사시 사용실패를 일으킬

---

1) 용기는 이음매 없는 Aluminum Liner에 Carborn Glass 섬유를 적층 성형한 것으로 비교적 가볍다. 호흡기 유효사용시간은 봄베(실린더, 용기)의 용량에 따라 다르지만 대개 30~60분 정도로 되어 있다.

2) 「공기호흡기의 형식승인 및 검정기술기준」(KOFEIS 0902) 제2조.

가능성이 크다.

예컨대, 소방관용 공기호흡기의 경우 멜빵, 끈, 호스 등의 부속품은 내화재료를 사용해야 하나 제조자가 열에 약한 나일론이나 폴리에스터 같은 재료를 사용해 제품을 생산할 경우 그 제품은 화재현장의 고열에 견디지 못하므로 사용자의 사후적인 노력만으로 해결할 수 없다.

미국의 경우 소방관용 공기호흡기(Open Circuit SCBA)는 미국연방화재협회(NFPA)가 규정한 표준(NFPA 1981, standard 1500)에 따라 설계·제작하도록 규정하고 있으며 제품의 본질적 안전에 대한 관심도 높다.

(3) 사용자·관리자의 예방적 유지관리

예방적 유지관리의 목적은 장비의 성능을 일정 수준 이상으로 지속적으로 유지시킴으로써 종국적으로 치명적 실패(catastrophic failure)와 낮은 수준의 실패(low-order failure)를 최소화하는 것이다. 예방적 유지관리는 사용자가 사전에 장비의 취약점을 발견해 보완·수리·교체함으로써 장비의 신뢰성을 높이는 방안이다. 예방적 유지관리 활동을 통해 용기의 파손·깨짐·변형뿐만 아니라 용기부속품의 마모와 흡착력 저하 상태, 공기조절기 작동불량, 용기 내에 충전된 공기량의 부족 여부 등을 주기적으로 검사하고 점검하는 것이다.

미국의 공기호흡기(SCBA) 예방적 유지관리는 NFPA 1404(standard for a fire department self-contained breathing apparatus program), OSHA 29 CFR 1910.134, NIOSH 42 CFR part 84, NFPA(1500,1404,1981) 등에 규정하고 있다.[3)]

위 규정에서는 특히 기기의 신뢰성을 높이기 위해 첫째, 공기호흡기 성능검사와 부품교체 등은 물론 전문가·적절한 훈련을 받은 자·자격소지 기술자

---

3) 미국방화협회(NFPA: National Fire Protection Agency), 미국산업안전위생관리국(OSHA: Occupational Safety Health Administration), 연방규제법(CFR: Code of Federal Regulation), 미국국립노동안전보건연구원(NIOSH: National Institute of Occupational Safety and Health).

등이 실시하도록 규정하고 있다. 둘째, 성능검사 시 적절한 검사장비를 갖추고 실시하도록 하며, 셋째, 제품제조업체들이 각 규정이 권고하고 있는 기준과 절차에 따르도록 하고 있다(Thiel, 2001:10).

(4) 안전검사(safety inspection)와 검사 내용

공기호흡기의 신뢰성을 지속적으로 유지하려면 규칙적으로 안전검사를 실시해야 한다. 검사의 빈도와 절차는 공기호흡기 응급성 정도에 따라 다르다. 즉 응급용, 비응급용, 단지 탈출·대피용도에 따라 검사의 방법과 정밀성 정도에서 차이가 난다.

비응급 공기호흡기(non emergency SCBA)인 경우에 모든 공기호흡기는 사용 전에 혹은 청소하는 동안에 검사를 해야 한다. 응급용으로 설계된 공기호흡기는 적어도 한 달에 한 번은 제조화사의 지침서에 따라 실시해야 한다. 그리고 사용하기 전후에 적절한 기능을 하는지 점검해야 한다. 단지 위기탈출용 공기호흡기(emergency escape-only SCBA)의 경우에는 작업장에 들어가기 전에 적절한 기능을 하는지 반드시 점검해야 한다.

모든 공기호흡기 검사의 공통사항은 면체나 면체의 끈만, 밸브, 연결튜브, 필터, 카트리지, 필터 등만 점검할 것이 아니라 호흡기 기능 점검, 연결부위의 느슨함, 압축공기 저장용기의 균열 및 찌그러짐, 압력조절기의 기능 등

[표 2-2] 응급성에 따른 공기호흡기 구분

구분	우리나라 사례
비응급용(non emergency)	맨홀, 지하식품저장고, 밀폐공간 작업용 공기호흡기
응급용(emergency)	소방관·경찰특공대의 위기대응·수습용 공기호흡기
대피용(escape-only)	특정소방대상물에서의 대피·탈출유도용 공기호흡기

자료: California State Sheriff's Association(2002:18)의 기준을 토대로 저자 재구성.

전반적인 점검이 필요하다. 특히 패킹과 같은 고무제품은 탄력성이나 부식을 반드시 점검해야 한다(California State Sheriff's Association, 2002:18).

사용자는 공기호흡기 용기와 예비용기는 충분히 충전된 상태인지 평가해야 하고 제조업체가 권고하는 공기압력 유지수준인 90% 이하이면 재충전해야 한다. 추가적으로 조절기와 기기의 위험상태를 신호로 알려주는 경보장치가 제 기능을 발휘하는지도 점검해야 한다(California State Sheriff's Association, 2002:18).

응급시 사용하는 공기호흡기(emergency SCBA)는 작업장용이나 대피용보다 더 엄격하고 정밀하게 점검해야 한다. 미국산업안전위생관리국(OSHA)의 기준에 의하면 응급용 공기호흡기는 검사가 수행된 날짜, 검사자 성명, 검사에서 발견된 특이사항, 정비·수리가 요구되는 사항, 검사된 공기호흡기를 확인할 수 있는 다른 방법이나 수단을 명확히 하도록 요구하고 있다.

특히 수선이 필요한 부분에 대해서는 공기호흡기에 꼬리표를 달거나 스티커를 부착하여 표시해야 한다. 이러한 표시는 검사전문가가 정밀검사를 하기 전까지 그대로 유지되어야 하며 완전한 수리가 이루어지기 전까지는 사용을 금지해야 한다.[4)]

---

4) California State Sheriff's Association(2002:19).

제2절 공기호흡기 안전규제 적용 대상 및 자율구입 대상

1. 특정소방대상물과 유사 대상물

"특정소방대상물"은 수용인원 100인 이상의 건물로서 지하철 역사, 백화점, 전문점, 할인점, 쇼핑센터, 지하상가, 영화상영관 등 다중이 이용하는 시설물을 말하며 위 시설에서는 인명구조용 공기호흡기를 의무적으로 비치하여야 하는 건물을 말한다. 이때 공기호흡기는 피난설비 중의 하나이다.[5]

여기서 특정소방대상물은 소방검사대상 특정소방대상물이나 다중이용시설과 일치하는 개념은 아니며 유사개념과의 차이를 비교하면 [표 2-3]과 같다.

---

5) 소방시설설치유지 및 안전관리에 관한 법률 시행령 제15조 별표 4에는 특정소방대상물의 관계인이 특정소방대상물의 규모 · 용도 및 수용인원 등을 고려하여 갖추어야 하는 소방시설의 종류에는 소화설비, 경보설비, 피난설비 등이 있다. 여기서 공기호흡기는 피난설비로 규정하고 있다.

[표 2-3] 특정소방대상물 · 다중이용시설 등의 차이점

구 분	내 용	관련법
공기호흡기 설치대상 특정소방대상물	수용인원 100인 이상 건물(지하철 역사, 백화점, 할인점 등)로 「소방시설설치유지 및 안전관리법 시행령」 제15조 별표 4에 의해 의무적으로 층별 2개씩 공기호흡기를 비치해야 하는 건물	「소방시설설치유지 및 안전관리에 관한 법률」
소방검사 대상 특정소방대상물	소방시설설치 대상 건물로 근린생활시설, 위락시설, 문화집회 및 운동시설, 판매시설 및 영업시설, 숙박시설, 노유자시설, 의료시설, 아파트, 기숙사, 업무시설, 통신촬영시설, 교육연구시설, 공장, 창고시설, 운수자동차관련시설, 광광휴게시설, 동식물 관련시설, 위생 등 관련시설, 교정시설, 위험물 저장 및 처리시설, 지하가, 지하구, 문화재, 복합건축물(일정면적 기준에 해당하는 건축물)	「소방시설설치유지 및 안전관리에 관한 법률」
다중이용시설	- 식품위생법 시행령에 의한 휴게음식점영업·제과점영업 또는 일반음식점으로 바닥 면적이 100제곱미터 이상인 것, 단란주점여업과 유흥주점영업 - 영화 및 비디오물의 진흥에 관한 법률 제2조 제16호 가목 및 나목에 따른 영화상영관·비디오물감상실업·비디오물 소극장업 - 학교설립·운영 및 과외 교습에 관한 법률 제2조 1호에 따른 학원으로 수용인원 300인 이상인 학원 등 - 기타 목용장업, 게임제공업, 인터넷컴퓨터게임시설 제공업 및 복합유통게임제공업, 노래연습장, 산후조리업, 고시원 등이 있음	「다중이용업소의 안전관리에 관한 특별법」

2. 특정소방대상물 그 이외 건물

"그 외의 건물"은 「소방시설 설치유지 및 안전관리에 관한 법률」에 따라 공기호흡기를 비치할 의무는 없으나 건물주가 자율적으로 비치하고 있는 건물을 말한다. 2009년 소방방재청의 실태조사에서 표본조사 대상이 된 건물은 일부 아파트, 터널관리사무소 등이다.

[표 2-4] 공기호흡기 구입 사유 구분

구 분	강제성 여부
특정소방대상물	수용인원 100인 이상 건물(지하철 역사, 병원 등)로 「소방시설 설치유지 및 안전관리법 시행령」 제15조 별표 4에 의해 의무적으로 층별 2개씩 공기호흡기를 비치해야 하는 건물
특정소방대상물 이외의 건물 (소방검사 대상 및 다중이용시설)	특정소방대상물 이외의 건물로서 공기호흡기를 의무적으로 구입하지 않아도 됨. 구입 여부는 자율적으로 판단함
특정소방대상물 외적 지원조직	특정소방대상물, 다중이용시설 등에 화재·테러 등이 발생했을 때 대피자 구조를 돕기 위해 외부로부터 지원받는 조직으로 소방기관, 경찰특공대 등을 말함

3. 특정소방대상물 외적 지원조직

"특정소방대상물 외적 지원조직"이란 특정소방대상물이나 다중이용업소에서 화재·생화학 테러 등이 발생할 경우 대피자를 구조하기 위해 지원하는 소방기관, 경찰특공대 등을 말한다.

제3절 안전규제 대상자의 공기호흡기 기기보유 현황

1. 특정소방대상물 외적 지원조직: 소방관서

소방관서에서는 구조업무를 수행하는 소방관에 대해서는 1인당 1세트의 공기호흡기와 예비용기 1인당 1개를 확보하도록 「소방장비관리규칙」에서 규정하고 있다.[6]

[표 2-5] 소방관서의 소방장비 보유 기준

분류	종류	보유 기준
보호 장비	일상용	- 방화복·안전화·장갑·방화두건: 119안전센터 및 구조대의 근무자 1인당 2벌, 그 밖의 소방대원 1인당 1벌 - 헬멧, 위치추적장비: 1인당 1개 - 공기호흡기: 1인당 1세트(50분용 기준 예비용기 1인당 1개) - 보조마스크: 1세트당 1개 - 면체: 1인당 2개

자료: 소방장비관리규칙, 제9조 1항 관련 별표 3.

6) 소방장비관리규칙, 제9조 1항 관련 별표 3.

공기호흡기는 모든 소방관이 1개씩 보유하는 것이 아니라 일반구조대, 특수구조대(화학, 고속국도), 항공구조대, 테러대응 전문구조대원 등이 보유한다.[7)]

[표 2-6] 구조대별 장비 기준

기능별	장비명	기본사양	보유 기준		구조대별 장비보유 적응성						
			대원별	대별	일반구조대	특수구조대				항공	테러대응전문
						화학	수난	고속국도	산악		
호흡 및 신체보호용 장비	공기호흡기 세트	보조마스크 포함 사용압력: 300kg/㎠ 이상	1		O	O		O		O	O
	공기호흡기 예비용기	사용압력: 300kg/㎠ 이상	1		O	O		O		O	O
	공기호흡기 예비면체	보조마스크 포함	1		O	O		O		O	O
	공기호흡기 (호스형)	사용시간: 2시간 이상 호스길이: 50m 이상		1	O	O					O
	산소호흡기 (폐쇄식)	양압형/산소압축순환식 충전압력: 150bar 이상 사용시간: 120분 이상		1		O					O

자료: 구조 및 구급장비기준 제1조 별표 1.

7) 구조 및 구급장비기준 제1조 별표 1.

2009년 1월 1일 현재 소방관서에는 50분용 공기호흡기 25,503개와 예비용기(50분용) 23,591개를 확보하고 있다.

[표 2-7] 전국 시·도별 소방조직의 공기호흡기 보유 현황

	2007.12.31				2009.1.1	
	공기호흡기 (50분용)	예비용기 (50분용)	공기호흡기 (30분용)	예비용기 (30분용)	공기호흡기 (50분용)	예비용기 (50분용)
계	25,631	24,366	2,836	2,456	25,503	23,591
중앙소방학교	74	27	-	-	74	27
구조대	64	86	-	20	64	86
서울	3,807	4,783	479	1,413	3,891	3,949
부산	2,058	1,767	85	126	2,154	1,747
대구	888	1,409	138	72	771	938
인천	1,549	1,229	58	34	1,265	1,941
광주	677	909	-	-	681	931
대전	718	746	94	30	832	726
울산	108	-	-	120	517	586
경기	4,945	4,408	-	-	5,233	4,654
강원	1,439	1,360	-	-	1,541	1,548
충북	912	779	-	-	1,059	857
충남	1,418	1,185	763	261	1,468	1,185
전북	1,348	1,241	-	-	131	134
전남	1,459	1,290	659	148	1,615	1,351
경북	1,697	1,144	389	126	2009	1192
경남	1,922	1,754	75	43	1,650	1,306
제주	548	429	96	64	548	433

자료: 소방방재청 소방장비과(2008, 2009).

2009년 1월 1일을 기준으로 볼 때 전체 소방공무원 31,918명 중 공기호흡기를 필요로 하는 소방공무원은 화재진압·구조·구급인력 23,605명(119안전센터 20,517; 구조대 2,825; 항공대 178; 소방정대 85)이며, 현재 소방서가 확보하고 있는 공기호흡기가 25,503개라는 점을 감안할 때 공기호흡기 보급률은 108%이며, 예비용 공기호흡기 보급률은 99.94%에 달한다. 이러한 사실은 소방기관의 공기호흡기 공급률은 적정공급률을 초과하고 있다고 해도 과언이 아니다.

소방관서의 화재진압, 구조, 구급요원에게 대한 공기호흡기가 1인당 1대씩 공급하도록 기준을 정하게 된 배경은 경기도 파출소 박모 소방관 순직사건이 계기가 되었다.[8)]

[표 2-8] 소방공무원의 기관별 정원(2009.1.1)

계	본부	학교	본서	119 안전 센터	구조대	항공대	소방 정대	방재 센터	청와대
31,918	1,417	247	6,461	20,517	2,825	178	85	158	30

자료: 소방방재청(2009:31), 「소방행정자료 및 통계」.

2. 특정소방대상물 외적 지원조직: 경찰특공대

경찰특공대도 소방과 마찬가지로 테러 현장이나 재난상황에서 인명구조

8) 1996년 3월 13일 경기도 파출소 박모 소방관이 드림랜드 아파트 지하에서 LPG탱크 해체작업을 하다 가스에 질식한 가스회사 직원을 구조하던 중 소방관이 구조자에게 마스크를 씌워주고 자신은 순직하였다. 소방관순직사건을 계기로 김영삼 대통령은 소방관의 생명을 보호하기 위한 특단의 대책을 마련하라고 지시해 화재진압, 구조, 구급요원 1만6천 명 전원이 공기호흡기를 지급받았다. 당시 내무부는 77억원을 들여 공기호흡기를 지급받지 못한 7천명에게 공기호흡기를 지급하도록 하였다(http://blog.daum.net/maco3/14272372).

[표 2-9] 경찰특공대 개인보호장비

장비유형	서울	부산	대구	인천	대전	광주	제주	계
공기호흡기	34	13	13	13	13	13	18	117

자료: 경찰청 대테러센터(2009.11.24).

및 구출 목적의 개인장비로서 공기호흡기를 확보하고 있다.[9] 경찰특공대의 임무가 테러사건예방과 진압, 중요 범죄 진압, 재해재난 발생 시 인명구조 등이므로[10] 직업적 위험 상황에 노출될 경우 자신의 생명을 보호하기 위한 필수적인 장비이다.

경찰특공대의 공기호흡기는 방독복, 방독면과 함께 경찰장비에 포함되어 있으며 2009년 1월 현재 총 115대를 보유하고 있는 것으로 나타났다. 지역 경찰특공대별 공기호흡기 보유 현황은 [표 2-9]와 같다.

3. 특정소방대상물: 지하철 역사

인명구조 목적으로 공기호흡기를 구입·보유하고 있는 소방관서나 경찰특공대와 달리 특정소방대상물에서는 탈출 및 대피목적의 공기호흡기를 비치하도록 하고 있다. 특정소방대상물은 「소방시설설치유지 및 안전관리에 관한 법률 시행령」에 의해 화재발생시 대피자, 피난자, 대피유도자 용으로 공기호흡기를 확보하고 있다.

다중이용업소 등에 공기호흡기를 처음 설치하도록 한 것은 1981년 11월 6일이었다. 당시 공기호흡기 설치대상은 7층 이상 관광호텔 및 5층 이상 병원

9) 경찰장비관리규칙 제74조.

10) http://knp868.smpa.go.kr

이었다.[11] 그 후 2003년 대구지하철 화재참사를 계기로 2004년 5월 30일 대상기준이 100명 이상의 다중이용업소로 확대되었으며, 각 층마다 2대 이상 비치하도록 규정하고 있다([표 2-10] 참조). 현재 「소방시설설치유지 및 안전관리에 관한 법률 시행령」에서는 "수용인원 100인 이상의 지하역사 · 백화점 등에 대해 인명구조용 공기호흡기를 층마다 2대 이상 비치하도록 규정하고 있다.

[표 2-10] 특정소방대상물의 소방장비 설치규정

피난설비	3. 수용인원 100인 이상의 지하역사·백화점·전문점·할인점·쇼핑센터·지하상가·영화상영관에는 인명구조용 공기호흡기(충전기 및 보조마스크를 제외한다)를 층마다 2대 이상 비치하여야 한다.

자료: 소방시설설치유지 및 안전관리에 관한 법률 시행령 15조 별표 4.

이외에 「인명구조기구의 화재안전기준(NFSC 302)」에서도 공기호흡기를 2개 이상 비치하도록 규정하고 있다.[12]

[표 2-11] 공기호흡기의 설치

설치기준	1. 방열복·공기호흡기(보조마스크를 포함) 및 인공소생기를 각 2개 이상 비치할 것 2. 화재 시 쉽게 반출·사용할 수 있는 장소에 비치할 것 3. 인명구조기구가 설치된 가까운 장소의 보기 쉬운 곳에 "인명구조기구"라는 표지판 등을 설치할 것

자료: 인명구조기구의 화재안전기준(NFSC 302) 제4조(소방방재청 고시).

---

11) 1999년, 소방 2000년, 1월호.

12) 인명구조기구의 화재안전기준은 "인명구조기구의 설치유지 및 안전관리에 관한 사항"을 규정하고 있다.

「소방시설설치유지 및 안전관리에 관한 법률 시행령」 15조 및 명구조기구의 화재안전기준」 제 4 조의 규정에 따른 특정소방대상물의 공기호흡기 확보현황은 [표 2-12]와 같다.

[표 2-12] 특정소방대상물 공기호흡기 현황

	총계	관광 호텔	병원	지하 역사	백화점	전문점	할인점	쇼핑 센터	지하 상가	영화 상영관	기타
개소	2,755	298	1,008	463	91	43	346	124	73	284	25
대	15,978	684	2,167	2,602	2,137	458	3,836	1,674	182	2,049	189

자료: 소방방재청(2009.8.4).

그런데 특정소방대상물 중 면적이 넓은 경우, 화재 위험이 높은 경우, 수용인원이 법률에서 규정한 기준보다 훨씬 높을 경우에는 자율적으로 법적 기준보다 더 많은 공기호흡기를 확보하는 경우도 있다.

신세계 이마트 은평점이나, 인천국제공항공사 등이 여기에 해당된다. 신세계 이마트 은평점 현재 지하 7층부터 지상 10층까지 각각 층별 2대씩 설치되어 있다.

특정소방대상물에 해당되는 지하철 역사에도 공기호흡기를 비치하고 있다. 서울의 경우 지하철 역사는 한국철도공사(KORRAIL), 서울메트로(SMSC), 서울특별시 도시철도공사(SMRT) 등 3원화 체제로 운영되고 있는데,[13] 이들 지하

13) 서울시 지하철역사는 3원체제로 운영되고 있다.

서울시 지하철 구간별 운영주체

운영주체	구간
한국철도공사 (KORRAIL)	1호선 서울메트로 관할 외 전 구간, 3호선 대화-삼송, 4호선 선바위-오이도, 경의·경원·중앙·분당선
서울메트로 (SMSC)	1호선 서울역(지하)-청량리(지하), 2호선 전 구간, 3호선 지축-수서, 4호선 당고개-남태령
서울특별시 도시철도공사 (SMRT)	5·6·7·8호선 전 구간

철역사는 승객구호용 공기호흡기를 층별로 2대를 보유하고 있으며 2008년 9월 현재 호선별 공기호흡기 보유 수량은 1,282대이다.

[표 2-13] 서울 지하철 전 노선 역사의 공기호흡기 현황(총 1,282대)

관리 주체	서울메트로, 국철도공사			서울메트로	서울특별시 도시철도공사			
노선	1호선	3호선	4호선	2호선	5호선	6호선	7호선	8호선
대수	41	152	112	160	307	195	238	77
계	465				817			

주: 1호선의 경우 다른 호선보다 지상역사가 많음.
자료: 서울시특별시 도시철도공사(2008년), 저자 재구성.

지하철 역사의 공기호흡기 보유수량은 점차 증가하고 있는데 서울메트로가 관리하는 5호선~8호선의 지하철 역사의 경우를 보면 2007년 793개이던 것이 2008년 817개로 24대나 증가한 것으로 나타났다.

[표 2-14] 서울 지하철 역사의 양압식 공기호흡기 현황 (단위: 대)

계		5호선	6호선	7호선	8호선	총계
역수		50역	34역	41역	16역	141
2007	대수 (평균)	303 (6)	188 (5.5)	227 (5.5)	75 (4.6)	793 (5.6)
2008	대수 (평균)	307 (6.1)	195 (5.7)	238 (5.8)	77 (4.8)	817 (5.6)

자료: 서울특별시(2007:783), 2007국정감사요구자료 2-1, 건설교통위원회, 서울특별시 도시철도공사(2008년).

2009년 8월 4일 현재 서울시 지하철 역사의 공기호흡기 비치 대수는 2008년보다 17대가 증가한 1,298대(241개소)이다. 그리고 지방의 지하철은 부산교통공사, 대구시 철도공사, 인천광역시 지하철공사, 광주광역시 도시철도공사,

[표 2-15] 지하철 역사 공기호흡기 점검 결과(전수조사)

구 분		총 계
총계	개소(대수)	463(2,602)
서울	개소(대수)	241(1,298)
부산	개소(대수)	76(409)
대구	개소(대수)	56(385)
인천	개소(대수)	16(146)
광주	개소(대수)	18(92)
대전	개소(대수)	22(1220
경기	개소(대수)	27(118)
경기 2	개소(대수)	7(32)

자료: 소방방재청(2009.8.4) 자료 재구성.

대전광역시 도시철도공사 등이 관리하고 있는데 부산은 76개소에 409대, 대구는 56개소에 385대를 확보하고 있다.

4. 산업현장 밀폐공간의 공기호흡기 보유 현황

산업현장에서는 「소방시설설치유지 및 안전관리에 관한 법률」에 근거한 공기호흡기 의무구입 규정이 적용되지 않지만 사업주가 자율적으로 구입하는 경우도 있다. 그러나 밀폐공간작업장소에 대해서는 사업주가 공기호흡기를 지급, 착용하도록 「산업안전보건법」이나 「산업보건기준에 관한 규칙」에서 규정하고 있다.

「산업안전보건법」 제24조에 의하면 산업체의 사업주는 사업을 행함에 있어서 사업장에서 배출되는 기체·액체 또는 잔재물 등에 의한 건강장애나 산소결핍, 원재료 · 가스 · 증기 · 분진 · 흄(fume) · 미스트(mist) 등에 의한 건강장애를 방지하기 위한 조치를 취하도록 하고 있다

「산업보건기준에 관한 규칙」 제197조에서는 사업주로 하여금 근로자에게 호흡용 보호구를 지급하고 착용하도록 의무적으로 규정하고 있는 업무는 다음과 같다. ① 유기화합물을 넣었던 탱크 내부에서의 세정 및 도장업무, ② 유기화합물의 증기 발산원 밀폐설비 또는 국소배기장치를 설치하지 아니한 실내작업장에서의 유기화합물 취급업무, ③ 밀폐설비 또는 국소배기장치가 설치되지 아니한 장소에서의 유기화합물 취급업무, ④ 유기화합물취급 장소에 환기장치를 설치하고 당해 환기장치내의 기류가 확산될 우려가 있는 형태를 가진 물체를 다루는 유기화합물 취급업무 등이다.

산업안전공단에서도 맨홀·밀폐공간·산소결핍 공간 등에서 작업을 수행하는 영세업체의 근로자의 건강과 안전을 보호하고 산업재해를 예방하기 위해 공기호흡기를 무료로 대여해 주고 있다. 이는 영세산업체 중에는 공기호흡기 가격이 비싸 구입할 수 없는 경우가 많기 때문에 취해진 조치이다. 2009년 3월 현재 산업안전공단이 보유하고 있는 공기호흡기는 총 48대이며, 이는 지도원 소속 4개 센터에 배치된 공기호흡기와 산업안전공단이 산업현장에 사고 발생시 조사용으로 사용하는 공기호흡기로 구성되어 있다.

「산업안전보건법」 및 「산업보건기준에 관한 규칙」에서 근로자가 밀폐된 공간이나 산소결핍 공간에서 작업을 수행할 때 사업주는 근로자의 안전을 보호하기위해 보호장비를 갖추도록 하고 있으나 확보수량에 대한 명확한 기준은 없는 실정이다.

[표 2-16] 한국산업안전공단의 대여용 공기호흡기 보유현황

구분	대수	구분	대수
서울지역본부	2set	경기남부지도원	2set
부산지역본부	1set	경기서부지도원	3set
대구지역본부	2set	경기북부지도원	2set
경기지역본부	4set	전북지도원	3set
광주지역본부	3set	전남동부지도원	3set
대전지역본부	3set	충북지도원	2set
서울북부지도원	2set	충남지도원	3set
울산지도원	3set	강원지도원	3set
경북동부지도원	없음	경남지도원	2set
경북북부지도원	3set	제주지도원	2set
계	23set	계	25set
총계	48set		

자료: 한국산업안전보건공단(http://www.kosha.or.kr).

제 4 절 특정소방대상물 등의 공기호흡기 관리실태 분석

1. 불법 · 불법의심 · 불량 · 미검사 공기호흡기의 정의

공기호흡기 관리실태 분속에서 사용되는 불법 공기호흡기·불법의심 공기호흡기·불량 공기호흡기·미검사 공기호흡기의 개념은[14] 다음과 같다.

첫째, 불법 공기호흡기는 "불법으로 제조한 제품인 것으로 확인된 제품"을 말하고, 불법의심 공기호흡기는 "불법제조가 의심되는 제품으로 전문검사기관의 정밀검사를 통해 확인이 필요한 제품"을 말한다.

둘째, 용기 및 용기부속품의 유지관리를 제대로 하지 않은 공기호흡기는

[표 2-17] 불법·불법의심 공기호흡기의 정의

관련성	구분	내용
제품생산 과정	불법 공기호흡기	합동조사에서 불법 제조품인 것으로 확인된 제품
	불법의심 공기호흡기	불법제조가 의심되는 제품으로 전문기관의 검사를 통해 확인이 필요한 제품
유지관리 과정	불량 공기호흡기	성능저하, 내용연수 경과 등으로 노후화가 상당히 진행될 경우 법적으로 시정명령을 내릴 수 있는 제품
	미검사 공기호흡기	법률에서 규정한 주기적 안전검사를 미실시한 제품

자료: 소방방재청(2009.8.4).

14) 개념 정의는 소방방재청이 공기호흡기 실태 전수조사 시 구분한 기준에 따른 것이다.

"불량 공기호흡기"나 "미검사 공기호흡기"로 구분할 수 있다.

"불량 공기호흡기"는 유지관리가 부실한 공기호흡기를 말하며 이 경우 정부는 공기호흡기 관리주체에게 시정명령 또는 권고조치를 취할 수 있다. "미검사 공기호흡기"는 안전법규에 규정된 주기적인 검사 등을 미실시한 공기호흡기로서 점검이 필요한 공기호흡기를 말한다.

2. 불법·불법의심 공기호흡기 관리실태

(1) 특정소방대상물

소방방재청이 전국 특정소방대상물 2,755개소에 비치된 15,978대의 공기호흡기를 전수조사[15)]한 결과에 따르면 공기호흡기를 의무적으로 설치해야 하는 호텔, 병원, 할인점 등 특정소방대상물 55개소에서 불법 공기호흡기 및 불법의심 공기호흡기 290대가 발견되었다([표 2-18] 참조).

[표 2-18] 특정소방대상물의 불법·불법의심 공기호흡기 보유 현황

구분	개소	대(set)
불법 공기호흡기	20	135
불법의심 공기호흡기	35	155

자료: 소방방재청(2009.8.4) 조사자료 재구성.

15) 2009년 5월 경기도 고양시 일산지역의 한 병원에서는 공기충전중인 호흡기의 용기가 폭발하였으며 검찰에서는 위 사건을 계기로 소방방재청에 공기호흡기에 대한 전수조사를 의뢰하였다.

즉, 「소방시설설치유지 및 안전관리에 관한 법률시행령」에 근거해 공기호흡기를 설치해야 하는 특정소방대상물 전체의 공기호흡기 15,978대 중 불법 공기호흡기 및 불법의심 공기호흡기가 290대로 비록 전체의 1.81%에 불과하지만 290개의 공기호흡기는 유사시 사용자에게 바로 사망이나 상해와 같은 치명적인 피해를 입힐 수 있는 위험한 장비로서 결코 간과할 수 없는 심각한 문제이다.

[표 2-19] 특정소방대상물의 불법·불법의심 공기호흡기 확보 비율

구분	전체	불법	불법의심	불법+불법의심
개소	2,755	20 (0.72%)	35 (1.27 %)	55 (1.99%)
대(set)	15,978	135 (0.84%)	155 (0.97%)	290 (1.81%)

불법 공기호흡기를 많이 보유한 건물은 병원, 쇼핑센터, 영화상영관 등으로 각각 31대, 25대, 16대를 보유하고 있는 것으로 나타났다([표 2-20] 참조).

"불법의심 공기호흡기"는 영화상영관, 쇼핑센터, 병원이 각각 68대, 55대, 8대를 보유하고 있는 것으로 나타났다.

[표 2-20] 건물 용도별 불법·불법의심 제품 보유 현황

구분	불법		불법의심	
	개소	대수(set)	개소	대수(set)
쇼핑센터	1	25	9	55
지하상가	0	0	2	6
영화상영관	1	16	15	68
관광호텔	1	2	0	0
병원	9	31	2	8
지하역사	0	0	0	0
백화점	0	0	3	6
전문점	1	4	2	7
할인점	1	14	2	5
기타	6	43	0	0
총계	20	135	35	155

자료: 소방방재청(2009.8.4) 자료 재구성.

(2) 특정소방대상물 이외의 건물

「소방시설설치유지 및 안전관리에 관한 법률」에 따라 공기호흡기를 반드시 구입하지 않아도 되나 자율적으로 공기호흡기를 구입하고 있는 소규모 시설 및 다중이용업소, 공장 등의 일부시설에 대해서도 소방방재청이 12곳을 표본조사한 결과 2곳에서 9대의 불법 공기호흡기를, 한 곳에서 3대의 불량 또는 미검사 공기호흡기를 보유하고 있었다([표 2-21] 연번 1, 2, 3번 참조).

이와 같은 표본조사 결과를 볼 때 아파트 등 공기호흡기를 자율적으로 비치하고 있는 건물에서도 상당수의 불법 공기호흡기를 보유하고 있을 것으로 추정된다.

[표 2-21] 공기호흡기 자율 비치 건물에 대한 표본조사 (단위: 대(set))

연번	대 상 명	소 재 지	비고
1	OOOO아파트	부산 남구	8대(불법)
2	OO터널	부산 남구	1대(불법)
3	OO페인트	경기 안산시	3대(불량 1, 미검사 2)
4	OO제과(공장)	대전 대덕구	1대(정상)
5	(주)OO(공장)	상동	3대(정상)
6	OOOO(공장)	상동	5대(정상)
7	OOOOO(공장)	상동	6대(정상)
8	OOO(공장)	경기 광명시	24대(정상)
9	OOOO 물류센터	경기 광주시	1대(정상)
10	OOOO 물류창고	경기 여주군	5대(정상)
11	OO물류센터	경기 오산시	3대(정상)
12	OOOO(공장)	경기 가수동	2대(정상)

자료: 소방방재청(2009.8.4) 자료 재구성.

(3) 특정소방대상물의 외적 지원조직

고양시에 있는 한 병원에서 발견된 공기호흡기 사건을 계기로 특정소방대상물의 외적 지원조직이라 할 수 있는 소방관서, 경찰특공대 등이 보유한 공기호흡기에 대해서도 자체조사가 이루어졌다.

그 중 소방관서의 경우 2007년까지는 30분용 공기호흡기와 예비용기를 각각 2,836대, 2,456대 보유하고 있었으나, 2009년 1월 1일 현재 공기호흡기 25,503대와 예비용기 23,591대를 보유하고 있으나 자체 조사한 결과 불법·불법의심 공기호흡기가 없는 것으로 나타났다.

[표 2-22] 전국 시·도별 소방관서의 공기호흡기 보유 현황

2007. 12.31				2009.1.1	
공기호흡기 (50분용)	예비용기 (50분용)	공기호흡기 (30분용)	예비용기 (30분용)	공기호흡기 (50분용)	예비용기 (50분용)
25,631	24,366	2,836	2,456	25,503	23,591

자료: 소방방재청 소방장비과(2008, 2009).

경찰특공대의 경우 2009년 11월 현재 총 117대의 공기호흡기를 보유하고 있는데 자체 조사한 결과에 의하면 모두 정상제품인 것으로 나타났으며 현장조사·연구기간중 서울경찰특공대를 방문하여 확인한 결과 2007년 대테러장비로 구입한 10대와 2008~2009년에 장비보강 차원에서 구입한 24대 모두 구입한 지 2~3년밖에 안된 정상제품인 것으로 나타났다.[16)]

[표 2-23] 경찰특공대의 공기흡기 보유현황 (단위: 대(set))

연도	서울	부산	대구	인천	대전	광주	제주	계
2007	10	5	5	5	5	5	0	35
2009	34	13	13	13	13	13	18	117

자료: 경찰청 대테러센터(2009.11.24), 경찰청(2007), 「2007년 국정감사요구자료 II」, 국회 행정자치위원회.

그 외에 한국산업안전보건공단은 밀폐공간 등에서의 질식사고 방지를 위해 영세업체를 대상으로 무료로 대여해주는 대여용 공기호흡기 48대를 보유하고 있다. 한국산업안전보건공단이 외부 전문기관의 협조를 받아 자체 조사한 결과 불법 공기호흡기는 없는 것으로 나타났다.

16) 서울경찰특공대 방문일 2009.12.8.

[표 2-24] 한국산업안전보건공단의 대여용 공기호흡기 보유 현황

구분	대수(set)	구분	대수(set)
서울지역본부	2	경기남부지도원	2
부산지역본부	1	경기서부지도원	3
대구지역본부	2	경기북부지도원	2
경기지역본부	4	전북지도원	3
광주지역본부	3	전남동부지도원	3
대전지역본부	3	충북지도원	2
서울북부지도원	2	충남지도원	3
울산지도원	3	강원지도원	3
경북북부지도원	3	경남지도원	2
제주지도원	2		
계	25	계	23
총계	48		

자료: 한국산업안전보건공단(http://www.kosha.or.kr 검색일 2009.3.2).

3. 불량·미검사 공기호흡기 실태

불량·미검사 공기호흡기를 조사한 결과에 의하면 특정소방대상물에서 상당수의 불법·미검사 공기호흡기가 발견되었고, 특정소방대상물 이외의 건물인 소규모 공장, 아파트 등에서도 불량·미검사 공기호흡기를 다수 보유하고 있는 것으로 나타났다.

(1) 특정소방대상물

「소방시설설치유지 및 안전관리에 관한 법률 시행령」 제15조 별표 4에 근거해 의무적으로 공기호흡기를 설치해야 하는 전국의 특정소방대상물

2,755개소에 대해 소방방재청이 조사한 결과 이 중 430개소에서 불량 공기호흡기 및 미검사 공기호흡기를 1,280대 비치하고 있는 것으로 조사되었다([표 2-25] 참조).

[표 2-25] 특정소방대상물의 불량·미검사 공기호흡기 비치 현황

관련성	구분	내 용	개소	대(set)
예방적 유지 관리	불량기기	성능저하, 내용연수 경과 등으로 유지관리가 부실해 시정명령 대상인 제품	146	312
	미검사기기	정기검사를 미실시한 제품	284	968
계			430	1,280

자료: 소방방재청(2009.8.4) 자료 재구성.

즉 공기호흡기 의무비치 장소인 특정소방대상물 전체의 공기호흡기 15,978대 중 불량 및 미검사 공기호흡기는 458개소(16.6%)에서 940대(5.9%)인 것으로 나타나 유사시 사용실패의 가능성이 있는 것으로 조사되었다([표 2-26] 참조).

[표 2-26] 특정소방대상물의 불량·미검사 공기호흡기 비치 비율

구분	전체	불량	미검사	불량+미검사
개소	2,755	146(5.3%)	312(11.3%)	58(16.62%)
대(set)	15,978	284(1.8%)	656(4.1%)	940(5.88%)

"불량 공기호흡기"를 많이 보유한 건물을 그 용도별로 구분하면 병원, 관광호텔, 지하역사 등이며 각각 139대, 121대, 19대인 것으로 나타났고, "미검사 공기호흡기"는 병원, 관광호텔, 할인점, 영화상영관, 지하철 역사에서 각각 378대, 137대, 36대, 33대, 26대를 보유중인 것으로 나타났다([표 2-27] 참조).

[표 2-27] 건물 유형별 불량·미검사 제품 현황

구 분	불량		미검사	
	개소	대(set)	개소	대(set)
총계	146	284	312	656
병원	69	139	189	378
관광호텔	61	121	70	137
지하철 역사	12	19	19	26
백화점	0	0	8	19
전문점	0	0	1	2
할인점	0	0	9	36
쇼핑센터	2	2	4	17
지하상가	1	2	1	2
영화상영관	0	0	9	33
기타	1	1	2	6

자료: 소방방재청(2009.8.4) 자료 재구성.

특정소방대상물 중 불량 공기호흡기가 가장 많은 것으로 나타난 관광호텔과 병원의 지역별 분포를 보면 서울이 가장 많고 그 다음이 부산, 대구 순인 것으로 나타났다([표 2-28] 참조).

[표 2-28] 관광호텔·병원의 지역별 불량·미검사 공기호흡기 분포 현황

구 분		관광호텔		병원	
		개소	대(set)	개소	대(set)
총계	불량	61	121	69	139
	미검사	70	137	189	378
서울	불량	17	34	13	24
	미검사	19	37	41	86
부산	불량	11	21	9	18
	미검사	9	17	19	34
대구	불량	7	13	7	14
	미검사	3	6	19	35
경기	불량	1	2	0	0
	미검사	11	20	18	36
경기(2)	불량	0	0	3	6
	미검사	0	0	11	22
강원	불량	2	4	4	8
	미검사	5	10	7	14
경북	불량	5	10	7	12
	미검사	2	3	14	24
경남	불량	2	4	9	20
	미검사	3	6	19	43
~	~	~	~	~	~
제주	불량	10	21	1	2
	미검사	7	21	1	2

자료: 소방방재청(2009.8.4), 시·도 특정소방대상물 공기호흡기 세부현황자료를 참고로 재구성.

(2) 특정소방대상물 이외의 건물[17)]

「소방시설설치유지 및 안전관리에 관한 법률」에 따라 공기호흡기 의무비치 대상은 아니나 자율적으로 공기호흡기를 비치한 소규모 시설 및 다중이용업소, 공장 등에 대해서 12곳을 대상으로 표본조사한 결과 1곳에서 불량 또는 미검사 공기호흡기를 보유하고 있는 것으로 나타났다([표 2-21] 연번 3번 참조). 이는 표본조사 결과로서 만일 자율적으로 공기호흡기를 비치한 곳을 추가조사할 경우 불량·미검사 공기호흡기를 보유하고 있는 곳이 더 있을 것으로 추정된다.

(3) 특정소방대상물의 외적 지원조직

소방방재청이 소방관서를 대상으로 자체 조사한 자료에 의하면 불량·미검사 공기호흡기는 없는 것으로 나타났다.[18)] 소방기관의 경우 2009년 1월 1일 현재 공기호흡기 25,503대와 예비용기 23,591대를 보유하고 있으나 「고압가스안전관리법」뿐만 아니라 자체안전관리 규정인 「소방장비관리규칙」, 「호흡보호장비 안전관리에 관한 기준」에 따라 예방적 유지관리를 시행하고 있다.

소방기관의 공기호흡기는 2007년까지는 30분용 공기호흡기와 예비용기를 각각 2,836대, 2,456대 보유하고 있었으나 2009년에 30분용 공기호흡기를 모두 50분용으로 교체하여 성능유지 및 보강조치를 취하였다.

경찰특공대의 경우는 경찰청 대테러센터에서 자체 조사한 결과 불법 공기호흡기가 없는 것으로 조사되었다.[19)] 경찰특공대는 2009년 1월 현재 총 117

---

17) 특정소방대상물 이외의 건물은 의무비치가 아닌 자율비치이므로 소방기관에서 소방검사 규정에 따라 조사하기 어려워 해당 건물주의 동의를 얻은 일부만 표본조사한 자료이다.

18) 소방서의 공기호흡기 관리실태 자료는 소방방재청이 특별소방대상물에 대한 전수조사 때 소방장비과(2009.9)에서 자체적으로 조사한 자료이다.

19) 경찰특공대의 관리실태 자료는 경찰청 대테러센터의 자료와 서울특공대 현장방문

대의 공기호흡기를 보유하고 있으며 2007년 이전에는 35대의 공기호흡기를 확보하였고 2008년과 2009년에 지역특공대별로 82대의 신제품을 추가로 구입해 내용연수가 경과한 제품이 없었다.

한국산업안전보건공단은 밀폐공간 등에서의 질식사고 방지를 위해 영세업체에게 무료 대여하는 공기호흡기를 59대 보유하고 있는데, 외부 전문기관의 협조를 받아 자체 조사한 결과 불량·미검사 공기호흡기는 없는 것으로 나타났다.

[표 2-29] 한국산업안전보건공단의 양압식 공기호흡기 관리 현황

<table>
<tr><th rowspan="2">구입년도</th><th rowspan="2">장비수량(보유대수)</th><th rowspan="2">공기재충전방법</th><th rowspan="2">공기재충전 주기</th><th colspan="3">공기압축용기 검사 현황</th><th rowspan="2">검사 후 조치사항</th></tr>
<tr><th>검사년도</th><th>대수(set)</th><th>검사결과</th></tr>
<tr><td>'98</td><td>39</td><td rowspan="6">소방서 의뢰</td><td rowspan="6">- 수시충전: 38대(11개소)
※ 사용 후 보관시에는 공기를 모두 빼내어 진공상태로 보관하고, 대여(사용) 시에는 인근 소방서에서 충전하여 사용

- 월 1회 충전: 21대(9개소)
※ 사용빈도가 낮은 지역은 월 1회 정도 재충전을 실시</td><td>2005년
2007년
2008년
2009년</td><td>9대
24대
4대
2대</td><td>모두 적정</td><td>-</td></tr>
<tr><td>'99</td><td>6</td><td>2007년
2008년</td><td>1대
5대</td><td>- 적정: 5대
- 부적정(불합격): 1대</td><td>부적정 판정받은 것은 불용(폐기) 조치함</td></tr>
<tr><td>'02</td><td>4</td><td>2007년
2008년</td><td>-
-</td><td>모두 적정</td><td>-</td></tr>
<tr><td>'04</td><td>3</td><td>-</td><td>-</td><td>모두 적정</td><td>-</td></tr>
<tr><td>'07</td><td>6</td><td>-</td><td>-</td><td>모두 적정</td><td>-</td></tr>
<tr><td>'08</td><td>1</td><td>-</td><td>-</td><td>적정</td><td>-</td></tr>
<tr><td>계</td><td>59</td><td colspan="6"></td></tr>
</table>

자료: 한국산업안전보건공단 산업보건국(2009.8.19) 공기호흡기관리 자료 재구성.

(2009.12) 조사 자료이다.

또한 한국산업보건안전공단의 공기호흡기 장비관리기록대장을 검토한 결과 정기적인 자체검사가 이루어지고 있고 노후화된 불량공기호흡기는 폐기처분하고 새 것으로 교체한 것으로 나타났다.

(4) 밀폐공간의 공기호흡기 유지관리

「산업보건기준에 관한 규칙」에서는 유해가스에 노출될 위험이 높음에도 불구하고 환기가 잘 안 되는 장소[20]에 대해서는 당해 사업주로 하여금 작업자(근로자)에게 공기호흡기를 지급하고 착용하도록 하고 있으며 또한 작업자가 사용할 호흡용 보호구를 사업주가 상시점검하고 이상이 있는 것은 다른 것으로 교환해 주도록 하는 "호흡용 보호구 관리규정"을 두고 있다(산업보건기준에 관한 규칙, 제199조).

20) 예컨대, "유기화합물을 넣었던 탱크내부에서의 세정 및 도장업무를 수행하는 장소," "유기화합물의 증기 발산원 밀폐설비 또는 국소배기장치를 설치하지 아니한 실내작업장에서의 유기화합물을 취급하는 업무를 수행하는 장소" 등에 대해서는 사업주로 하여금 호흡보호용구를 지급하고 착용하도록 규제하고 있다(「산업보건기준에 관한 규칙」, 제197조).

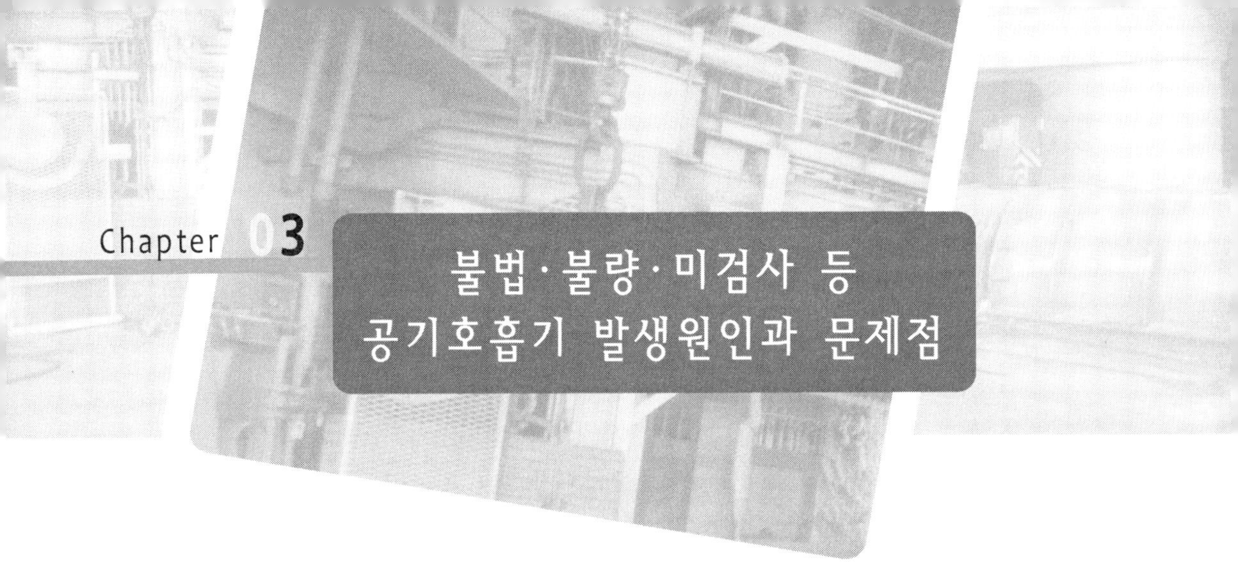

Chapter 03 불법·불량·미검사 등 공기호흡기 발생원인과 문제점

제 1 절 정부의 안전규제 개요

정부의 안전규제는 유사시 공기호흡기의 사용실패를 줄이기 위한 것으로 "생산자에 대한 규제"와 "고객에 대한 규제"가 있다.

첫째, 생산자에 대한 규제는 생산자가 제품제조·제작·품질평가 기준을 준수하도록 해 제품의 본질적 불안전을 제거하며 사용실패를 줄이는 것이다. 공기호흡기는 공기를 저장하는 용기부분과 용기부속품으로 구성되어 있으며 용기를 제작하는 "용기제작자"에 대한 규제와 용기 및 급기호스, 등지게, 멜빵 등 용기부속품을 결합하여 공기호흡기를 제작하는, 이른바 "공기호흡기제작자"에 대한 규제를 통해 본질적 안전이 확보된다. 먼저 공기호흡기 제작에 사용되는 용기는 고압용기(복합재료용기)[1]로서 용기안전에 관한 규제는 「고압가

1) 공기호흡기에 사용되는 용기는 과거에는 알루미늄, 쇠 등으로 제작하였으나 최근 경량화 등을 위하여 금속류가 아닌 탄소섬유 등과 같은 복합재료를 사용해 만든다.

스안전관리법」에서 규정하고 있다. 규제내용은 "용기제품"의 제작기술기준, 검사기준, 유통제품회수 등에 관한 것이다. 그리고 공기호흡기 제품에 대한 규제는 「소방시설설치유지 및 안전관리에 관한 법률」 등에서 규정하고 있는데 여기서는 고압용기와 용기부속품으로 호흡기를 제작하는 공기호흡기 제작자가 준수해야 할 내용, 즉 제품의 "형식승인" 및 "사전검사"에 관한 내용을 규정하고 있다([표 3-9] 참조).

둘째, 고객에 대한 정부의 안전규제는 예방적 유지관리와 관련된 규제를 말한다. 예방적 유지관리제도는 고객이 공기호흡기를 구입한 이후 일정수준의 성능이 유지될 수 있도록 하는 것과 폐기 대상이 된 제품의 폐기방법·절차에 관한 것을 의미한다. 예방적 유지관리는 "용기관리"와 "용기부속품 관리"로 구분되는데 전자는 균열, 파손상태검사, 용기내 공기질의 검사, 불량용기 폐기 등에 관한 것이고, 후자는 면체(mask) 불량, 용기의 연결부위 불량, 호스상태, 압력계 및 경보장치 작동 여부 등의 검사 및 점검에 관한 것이다. 용기 및 용기부속품의 검사 및 점검 내용은 [표 3-1]과 같다.

생산자에 대한 정부의 안전규제에서 규제주체는 정부이고 피규제자는 생산자이다. 고객에 대한 정부의 안전규제에서 규제주체는 정부이고 피규제자는 고객(구매자, 사용자, 관리자)이다.

[표 3-1] 공기호흡기의 예방적 유지관리 내용

구 분	내 용
용기 (복합재료용기)	용기파손·성능저하·노후화 검사
	불합격 용기 폐기조치
	용기내 공기질 검사 및 공기교환, 위생상태 관리
용기부속용품 (attachment)	경보장치 작동 여부, 작동불량 등 검사
	면체, 밸브장치 연결부분, 고압호스 부분 균열검사

생산자에 대한 규제는 정부규제방식뿐만 아니라 소비자(고객)에 의한 간접규제방식도 있다. 이는 소비자가 제품의 품질을 평가할 수 있는 전문성과 역량을 확보해 불법·불량제품을 구매하지 않도록 하는 것으로 불법제품을 간접적으로 차단하는 방법이다. 이를 요약하면 [표 3-2]와 같다.

[표 3-2] 구매자·사용자·관리자에 대한 안전규제

<table>
<tr><th colspan="2">구분</th><th>항목</th><th>구체적 내용</th><th>규제주체</th><th>피규제자</th></tr>
<tr><td rowspan="2">생산
제조
과정</td><td>사전적</td><td>제조(생산)시설·재료 규제</td><td>- 생산시설 및 자재의 질적 수준 확보를 위한 통제</td><td>정부</td><td>생산자</td></tr>
<tr><td>사후적</td><td>불량제품 검사·폐기·회수 규제</td><td>- 불량 신제품 유통의 사전 차단을 위한 폐기 조치
- 유통 과정에서 훼손된 불량 제품 회수 및 폐기 조치</td><td>정부</td><td>생산자</td></tr>
<tr><td>구매
과정</td><td colspan="2">납품·구매단계에서 제품의 품질평가 능력</td><td>납품된 제품 또는 구매제품에 대한 구매자의 질적 평가능력</td><td>구매자
(소비자)</td><td>생산자</td></tr>
<tr><td rowspan="2">유지
관리
·
사용
과정</td><td colspan="2">성능검사 및 점검체계</td><td>구입 후 주기적 성능유지 및 관리제도</td><td>정부</td><td>관리자
사용자</td></tr>
<tr><td colspan="2">내구연한 경과 및 훼손 제품의 폐기제도</td><td>성능저하·기능상실 제품의 재활용을 차단하는 제품 폐기 제도</td><td>정부</td><td>관리자
사용자</td></tr>
</table>

제 2 절 사용실패 예방을 위한 규제항목 및 평가기준

공기호흡기 사용실패 예방에 관한 안전규제의 분석모형은 생산·유통·구매·사용·폐기 과정에서 불법·불량·미검사 공기호흡기 발생을 방지하는 것으로 3가지 유형의 안전규제로 구분할 수 있다.

첫째, 생산자에 대한 정부 규제는 생산단계에서 품질불량 등을 최소화하여 제품의 본질적 불안전을 차단하는 방법이며, 둘째, 생산자에 대한 고객의 간접규제는 불량제품을 구입단계에서 차단해 사용실패의 가능성을 줄이는 것이다. 셋째, 고객(소비자)에 대한 정부의 안전규제는 평상시 예방적 유지관리를 통해 사용실패 가능성을 줄이는 것이다. 여기서 "고객"은 구체적으로 공기호흡기 구매자·사용자 또는 유지관리자를 의미한다. 규제주체가 피규제자에게 가하는 규제의 목적, 항목, 평가기준은 [그림 3-1]과 같다.

[그림 3-1] 공기호흡기 사용실패 예방을 위한 안전규제 모형

규제주체	규제목적	안전규제 항목	구체적 평가기준
생산자에 대한 정부의 규제	제품의 본질적 안전 확보	불법·불량용기 차단 위한 제품생산시설 및 자재품질 기준	■ 용기생산 업체의 설비 시설 기준 준수 ■ 용기검사 불합격 제품 폐기규정 준수
		불법·불량 공기호흡기 생산차단 제품검정(檢定) 제도	■ 공기호흡기 제작시 중고·불량 자재 사용차단 ■ 제품 형식승인검사 규정 준수 ■ 제품 사전제품검사 규정 준수
생산자에 대한 고객의 규제	↓ 불량 제품 구매 통제	공기호흡기 구매단계에서 품질평가능력 확보제도	■ 구매자의 제품에 품질평가 역량 ■ 구매자의 품질평가 기술 지원 연계성
고객에 대한 정부의 규제	↓ 성능유지·안전검사·폐기규정 준수	공기호흡기 사용자·관리자의 성능 유지·관리제도	■ 사용자의 정기적 검사규정 준수 ■ 노후화 용기 폐기규정 준수 ■ 성능저하 부속용품 교체
	↓ 공기호흡기 성과 (performance)	효율적 사용, 낮은 수준의 사용실패, 치명적 사용실패	

제3절 불법·불법의심 공기호흡기에 대한 정부규제의 문제점 분석

소방방재청의 조사결과에서 나타난 바와 같이 특정소방대상물에서의 불법·불법의심·불량·미검사 공기호흡기가 발견된 곳은 전체 2,755개소 중 485개소(17.6%)이며 발견 대수는 전체 15,978 중 1,570대(9.8%)인 것으로 나타났다.

[표 3-3] 불법·불법의심·불량·미검사 공기호흡기의 확보 비율

구분	전체	불법	불법의심	불량	미검사	불법·불법의심·불량·미검사
개소	2,755	20 (0.72%)	35 (1.27%)	146 (5.30%)	312 (11.32%)	513 (18.62%)
대 (set)	15,978	135 (0.84%)	155 (0.97%)	284 (1.78%)	656 (4.10%)	1,230 (7.69%)

불법 공기호흡기는 병원, 호텔 등 특정 소방대상물 20개소에서 135대나 발견되었고, 아파트 등 일부 건물에 대한 표본 조사한 것에서도 8대가 발견되었다. 이와 더불어 같은 조사에서 발견된 155대의 불법의심 공기호흡기도 정밀조사할 경우 불법제작제품이 상당수 발견될 것으로 추정된다.

부산의 경우 병원건물 5개소에서 불법 공기호흡기가 발견되었고, 서울과 경상남도의 경우 영화상영관이나 호텔에서 불법 공기호흡기가 발견되었다는 것은 유사시 사용실패로 인한 인적 피해 발생가능성에 주목하지 않을 수 없다.

특히 병원 등에서 발견된 불법 공기호흡기 중 상당수는 폐용기를 납땜해 만든 불법제품인 것으로 추정되었다. 이처럼 불법 공기호흡기가 제조·생산될

수 있었던 원인은 용기 및 공기호흡기 안전검사의 이원화로 인한 한계점이 존재하기 때문이다.

1. 용기 및 공기호흡기에 대한 안전규제의 내용분석

신규 공기호흡기 제품의 제작·생산과 관련된 안전규제는 「고압가스안전관리법」에 의한 "용기검사(용기부속품 포함)"와 「소방시설설치유지 및 안전관리법」에 의한 공기호흡기(소방기기)의 "형식승인" 및 "사전제품검사"가 있다.

첫째, 공기호흡기 제작에 사용되는 고압용기(복합재료용기)는 「고압가스안전관리법」에 따라 내압성, 기밀성 등에 관한 안전검사를 실시하도록 하고 있고, 제작업체의 설비기준에 관한 규정도 있다. 또한 용기생산자로 하여금 용기의 부식 여부, 부속품의 작동 여부 등을 확인하도록 하는 「용기의 안전점검 및 유지·관리기준」을 두고 있다. 용기의 품질검사는 [표 3-4]와 같이 지식경제부의 위탁을 받아 한국가스안전공사가 수행한다.

[표 3-4] 생산자에 대한 안전규제의 내용

규제주체	위탁기관	피규제자	검사대상	규제 목적	관련법률
지식경제부	한국가스안전공사	"용기" 제조자·생산자·수입자	공기호흡기제작에 사용되는 "복합재료용기"	용기생산 및 검사단계에서 불량용기·용기부속품의 판매·유통 사전차단	「고압가스안전관리법」 제17조, 시행규칙 제9조
소방방재청	한국소방산업기술원	"공기호흡기" 제조사·생산자·수입자	"소방기기"로서의 공기호흡기	"공기호흡기" 생산자에 대한 형식승인 및 사전검사를 통한 불량제품 사전차단(용기 정밀검사는 안함)	「소방시설설치유지 및 안전관리법」 제36조, 「소방용 기계기구 등의 형식 승인에 관한 규칙」 제2조

둘째, 불법·불량 공기호흡기(용기·면체·등지게 등)의 생산 및 유통에 대한 차단은 형식승인과 사전제품검사를 통해 이루어지는데, 이는 소방산업기술원이 소방방재청의 위탁을 받아 수행한다. 이때 용기에 대한 정밀검사는 수행하지 않기 때문에 육안검사로 확인할 수 없는 본질적 결함은 간과될 가능성이 있다. 불법 공기호흡기의 생산·유통을 차단하는 "용기"에 관한 규제와 "공기호흡기" 제품에 관한 안전규제, 이원화된 소관 법률 등에 대한 구체적인 내용을 고찰해 보면 다음과 같다.

2. 공기호흡기에 사용되는 "용기"에 대한 안전규제의 한계

용기에 대한 안전규제는 2가지로 구분할 수 있는데 하나는 신규 "용기"제품에 대한 안전검사기준과 유통·사용중인 "용기"에 대한 안전검사이다.

전자는 신규 용기제작자에 대한 안전규제로써 용기제조시설기준·기술기준, 불량제품 검사·재검사기준, 검사에서 불합격한 제품의 파기규정 등에 관한 내용이다.

후자는 유통·사용중인 용기의 재검사를 말하며 사후적 수집검사를 통해 유통·판매된 제품 중 결함 있는 용기를 적발해 폐기조치를 취하는 안전검사이다. 유통·판매중 문제가 발생한 경우 또는 시장·군수·구청장이 안전검사가 필요하다고 인정하는 경우에 표본조사를 통해서만 검사할 수 있다.[2)]

2) 「고압가스안전관리법」에 의한 검사는 「고압가스안전관리법」 제18조 2항, 3항, 4항의 "유통중인 용기의 수집검사," "결함용기의 회수·교환·환불 및 공표명령" 등의 내용을 적용할 수 있다.

(1) 용기 등의 품질보장에 관한 수집검사 규정

지식경제부장관과 시장 · 군수 또는 구청장이 용기 등의 안전관리를 위해 유통중인 용기 등(용기 + 용기부속품)을 수집하여 검사할 수 있고, 검사결과 중대한 결함이 있다고 인정되면 그 용기 등의 제조자나 수입자에게 회수 · 교환 · 환불 및 그 사실의 공표를 명할 수 있다.[3]

사용·유통중인 공기호흡기에 중대한 결함이 발생할 경우, 불량 공기호흡기 사용으로 인한 피해를 사전차단하기 위해 외부 검사위탁기관을 통해 수시로 검사를 실시할 수 있고, 이때 문제가 있는 용기는 회수할 수 있다.[4]

(2) 유통중인 용기의 수집검사의 내용

지식경제부장관과 시장 · 군수 또는 구청장이 실시하는 수집검사의 대상은 용기 및 용기에 부착된 용기부속품인 밸브와 안전밸브이며 이때 검사는 용기제조의 검사기준에 적합한지의 여부에 관한 검사이다. 용기부속품에 대한 검사는 용기부속품 제조 검사기준에 적합한지의 여부에 대한 검사이다.[5] 실제 검사는 한국가스안전공사나 검사전문기관이 대행한다.

용기검사는 신규검사[6]와 재검사가 있는데 용기재검사는 용기(복합재료

---

3)「고압가스안전관리법」 제18조 2항.

4)「고압가스안전관리법」 제18조 2항 및「동법 시행규칙」 제44조 2항.

5)「고압가스안전관리법」 시행규칙 제44조 2항.

6) 첫째, 신규 용기에 관한 제조검사기준은 용기두께, 구조, 용기용접, 용기부식방지 조치 등 용기가 사용 환경에 적절한가에 관한 것과 재료의 기계적·화학적 성능, 용접부의 기계적 성능, 단열성능 내압성능, 기밀성능, 작동성 등이 포함된다. 용기부속품(밸브, 안전밸브)에 대한 검사는 재료가 용기부속품의 안전성을 확보하기 위한 고압가스의 종류·압력·온도 및 사용 환경에 적절한 것일 것, 용기부속품의 구조 및 치수는 그 용기부속품의 안전성·편리성 및 작동성을 확보하기 위하여 그 용기부속품의 재료, 사용하는 가스의 종류, 사용하는 온도 및 환경에 적절한 것일 것 등에 관한 것이다.

용기) 재검사 및 용기부속품(밸브, 안전밸브) 재검사가 있다. 용기재검사는 용기의 부식 여부, 내압성능, 기밀성능, 단열성능 및 그 밖에 용기의 안전확보에 필요한 성능 중 필요한 항목에 대하여 적절한 방법으로 실시하는데, 주로 용기 및 용기부속품을 계속 사용할 수 있는지를 판정하는 것이다. 그리고 용기부속품의 재검사는 용기부속품의 기밀성능 이외에도 작동성능검사도 한다.

[표 3-5] 유통중인 용기 및 용기부속품의 재검사

구 분	내 용	검사기준	관련조항
용기의 재검사 기준	용기를 계속 사용할 수 있는지를 명확하게 판정할 수 있도록 용기의 부식 여부, 내압성능, 기밀성능, 단열성능 및 그 밖에 용기의 안전 확보에 필요한 성능 중 필요한 항목에 대하여 적절한 방법으로 실시해야 함	시행규칙 제44조 2항 표 10	「고압가스 안전관리법」 제18조 2항(용기의 품질보장 등), 시행규칙 제44조 2항(유통중인 용기 및 용기부속품 수집·검사 등)
용기부속품검사의 재검사 기준	그 용기부속품을 계속 사용할 수 있는지 여부를 명확하게 판정할 수 있도록 용기부속품의 기밀성능, 작동성능 및 그 밖에 용기부속품의 안전 확보에 필요한 성능 중 필요한 항목에 대하여 적절한 방법으로 실시할 것	시행규칙 제44조 2항 표 10의 2	

또한 수집검사를 하지 아니하고도 그 용기 등의 제조자 또는 수입자에게 회수 등을 명할 수 있는 경우가 있는데 이는 유통중인 용기 등에서 공공의 안전에 위해를 일으킬 수 있는 명백하고 중대한 결함이 발견되어 긴급하게 용기에 대해 회수 등의 조치가 필요한 경우이다.[7)]

유통·사용중인 용기 및 용기부속품 검사에 관한 규정은 고압용기제작자(용기수입자 포함)에만 해당되지만 공기호흡기 제작자에게 적용되는지가 명확하지 않다는 점이 한계이다. 만일 「고압가스안전관리법」을 적용해 불법공기

7) 「고압가스안전관리법」 제18조 3항.

호흡기의 적발가능성을 높이려면 용기제작자와 마찬가지로 공기호흡기 제작자가 만든 제품에 대해서도 동일하게 용기수거검사나 결함용기 회수검사와 같은 수집검사를 취할 수 있도록 하는 것이 필요하다.

(3) 용기재검사 및 결함용기 회수·공표명령 위반 규정과 한계

용기 수집검사에서 결함이 있는 용기에 대해 시장·군수 또는 구청장은 회수명령을 할 수 있고 명령을 받은 자는 지체 없이 회수 등의 대상용기의 유통·판매를 중지시키거나 중지하고, 회수 등에 관한 계획을 수립하여 시장·군수 또는 구청장에게 제출하도록 하고 있다. 회수명령을 받은 자는 회수 등의 결과를 시장·군수 또는 구청장에게 보고하여야 한다. 회수 공표명령을 받은 자는 지체 없이 용기의 회수 한다는 내용의 표제, 제품명 및 제품번호, 회수 등의 사유, 회수 등의 방법 등의 사항이 포함된 광고를 2개 이상의 중앙일간지에 게재하도록 하고 있다.[8)]

[표 3-6] 유통중인 용기 및 용기부속품 검사

구분	내용	조항
용기 등의 품질보장	시장·군수·구청장은 용기 등의 안전관리를 위해 유통중인 용기 등을 수집검사, 회수·교환·환불을 명할 수 있음	「고압가스 안전관리법」 제18조 2항
유통중인 용기의 수집·검사 등)	수집검사대상은 용기 및 용기부속품(밸브, 안전밸브)은 용기 제조검사 및 용기부속품 제조검사 기준에 적합 여부 검사	「고압가스안전관리법 시행규칙」 제44조
결함용기의 회수·교환·환불 및 공표명령	회수 대상용기의 유통·판매를 중지 및 일간지 공표	「고압가스안전관리법 시행규칙」 제44조의 2

8) 「고압가스안전관리법 시행규칙」 제44조의 2.

용기검사나 재검사를 받아야 할 용기 등으로서 검사나 재검사를 받지 아니하고 양도·임대 또는 사용하거나, 판매할 목적으로 진열한 경우에는 1년 이하의 징역 또는 1천만원 이하의 벌금에 처하고 시장군수 구청장은 안전관리를 위해 유통중인 용기에 대한 수집검사를 할 수 있는데 이때 수집검사에서 결함용기 회수명령이나 공표명령을 위반한자는 300만원 이하의 벌금에 처하도록 규정하고 있다.

[표 3-7] 용기검사 및 재검사 위반에 대한 벌칙

해당 사항	벌칙내용	관련 법률
용기검사나 재검사를 받지 아니하고 판매한 경우	1년 이하의 징역 또는 1천만원 이하의 벌금	「고압가스안전관리법」 제40조
회수 명령이나 공표 명령을 위반한 자	300만원 이하의 벌금	「고압가스안전관리법」 제42조의 6

하지만 이런 벌칙 규정이 용기판매업체에만 해당되는지 용기를 사용한 공기호흡기도 해당되는지 명확하지 않다. 또한 중고제품 수집검사 시 적발된 경우에는 300만원 이하의 벌금에 처하도록 하고 있지만 수집검사할 기회가 많지 않아 적발하기 어렵다.

3. "공기호흡기" 제품의 본질적 안전성 관련 규제와 한계

공기호흡기 제품 생산과정에서의 안전검사는 제품생산자(제조자·수입자 포함)가 생산단계에서 공기호흡기 제품의 본질적 안전성(inherent safety)을 높이도록 하는 데 그 목적이 있다. 공기호흡기의 본질적 안전 확보에 관한 내용은 제조자가 제품제조 및 시험기준을 준수하도록 하는 형식인증과 사전제품

검사이다. 구체적인 내용은 「소방시설설치유지 및 안전관리에 관한 법률」에 규정하고 있다.

(1) 형식승인: 형식시험 및 시험시설에 대한 심사

형식승인은 생산자가 제작한 공기호흡기(소방기기)의 형상, 구조, 재질, 성분 및 성능이 검정기술기준(행정안전부 고시)에 적합한지 여부를 검사하는 "형식시험"과 생산자(형식승인 신청자)가 보유한 시험시설이 규정에 적합한지 여부를 확인하는 "시험시설심사" 기준에 적합하면 형식승인번호를 부여하는 것을 말한다.[9] 다시 말해 "형식시험"이라 함은 소방용 기계·기구의 견품에 대하여 그 형상·구조·재질·성분·성능 등이 소방방재청장이 고시하는 소방용 기계·기구의 형식승인 및 제품검사(검정)의 기술기준(검정기술기준)에 적합한지 여부를 시험하는 것을 말한다.[10] 공기호흡기 생산자가 형식승인을 받기 위해서는 한국소방산업기술원에 형식승인 신청[11]해야 함에도 불구하고 폐용기를 사용해 불법제품을 생산한 제조업자는 형식승인 절차를 거치지 않기 때문에 문제가 발생한다.

(2) 사전제품 검사제도와 한계

공기호흡기 형식승인을 획득한 생산업체는 그 후 제품을 대량생산하고 출고 전 사전제품검사과정을 거친다. 사전제품검사제도는 형식승인을 획득한 제조업자가 소방기기를 제작·생산한 후 출고(판매)대기 단계에서 형식승인[12]

9) 「소방용 기계·기구의 형식승인 등에 관한 규칙」 제2조의 3.
10) 「소방용 기계·기구의 형식승인 등에 관한 규칙」 제2조의 2.
11) 제품검사 신청절차는 신청접수 → 출장계획 → 출장검사 → 판정 → 결과보고 순이다.
12) 제9조의 규정에 의한 형식승인과 제12조의 규정에 의한 형식승인의 변경승인을 포함한다.

을 얻은 소방용 기계·기구의 형상 등과 동일한지 여부를 확인하여 합격표시를 부착하는 제도로서 제품출고 전 마지막 검사라 할 수 있다.

만일 사전제품 검사에서 합격한다면 그 제품은 소방검정 합격필증을 붙인 후 유통·판매할 수 있다. 그러나 형식승인과 사전제품검사를 거치지 않고 위조한 합격필증을 제품에 부착해 판매하는 경우 적발하기 어렵다.

공기호흡기는 제품출고 전 사전에 실시하는 "사전제품검사" 대상기기에 속하므로 출고 후 사후적으로 시중에 유통중인 제품을 수거해 검사할 수 있는 "사후검사제도"의 대상에서 제외된다.[13] 따라서 공기호흡기는 사후검사는 않는다.

[표 3-8] 소방기기 형식인증 및 검정(檢定)제도

구분	구성	내 용	공기호흡기 해당 여부	시행기관
형식인증	형식시험	소방기기의 형상, 구조, 재질, 성분 및 성능이 검정기술기준(행정자치부 고시)에 적합한지 여부를 검사	해당	한국소방산업기술원 (시험검사부)
	시험시설 심사	신청자가 보유한 시험시설이 규정에 적합한지 여부를 확인검사	해당	
제품검정	사전제품 검사	형식승인을 획득한 소방기기가 출고대기 단계에서 형식승인을 얻은 소방용 기계·기구의 형상 등과 동일한지 여부를 확인하여 합격표시를 부착하는 검사제도	해당	한국소방산업기술원 (제품검사부)
	사후제품 검사	소방기기를 제조업체에서 자체적으로 시험(test)을 하여 판매하고 소방산업기술원이 시중 유통제품을 수시로 수거하여 검사하는 제도	미해당	

자료: 「방용기계·기구의 형식승인 등에 관한 규칙」 제2조, 제7조, 제22조, 제25조 및 한국소방산업기술원 기구표(http://www.kfi.or.kr/intro/general_02.asp) 참조.

13) 형식승인 대상기기는 소화기류, 경보기류, 기계류가 있다(「소방용 기계·기구의 형식승인 등에 관한 규칙」 제19조 별표 9).

4. 용기와 공기호흡기 안전규제의 이원화로 인한 한계

공기호흡기 구성요소인 "용기"에 대한 검사는 한국가스안전공사가 지식경제부의 위탁을 받아 수행하며 "공기호흡기" 제품검사 한국소방산업기술원이 소방방재청으로부터 위탁받아 수행하기 때문에 용기검사와 제품검사 체계가 이원화되어 있다.

[표 3-9] 용기검사 및 공기호흡기검사 비교

구분	관련내용	검사종류	관련 법률
용기검사 (고압용기)	용기(복합재료용기)의 정밀검사	유통용기 수집검사 및 결함용기 회수에 관한 기준	「고압가스 안전관리법」
	용기부속품(용기에 부착된 밸브, 안전밸브)		
공기호흡기 검사 (소방기기)	용기(복합재료용기)의 개략적 검사	형식인증과 사전제품검사	「소방시설설치유지 및 안전관리에 관한 법률」
	공기호흡기 부속용품인 면체(마스크), 급기호스, 공기조절기, 등지게, 멜빵, 끈 등		

실제로 고양시 모병원에서 불법 공기호흡기가 발견되었을 때에도 용기조사와 공기호흡기조사가 각각 따로 이루어졌다. 즉 공기호흡기(용기 + 용기부속용품) 안전검사는 「소방시설설치유지 및 안전관리에 관한 법률」에 의한 한국소방산업기술원이 용기의 외관상태 검사와 공기호흡기의 부속용품인 압력조절기, 급기호스, 면체, 등지게, 멜빵 등을 중심으로 검사하였고,[14] 용기정밀검사는 한국소방산업기술원의 업무영역이 아니었기 때문에 「고압가스안전관

14) 「고압가스안전관리법」에 의한 용기의 부속품은 용기에 달린 밸브 및 안전밸브(「고압가스안전관리법 시행령」 제5조 1항의 2)를 말하고, 공기호흡기의 부속품은 면체(마스크), 급기호스, 공기조절기, 등받이, 멜빵 등을 말한다.

리법」에 근거해 지식경제부 장관의 위탁기관인 한국가스안전공사에서 실시하였다.

이원화된 검사체계로 인해 발생할 수 있는 문제는 공기호흡기 제작자가 품질 등에 하자 있는 용기를 구입한 경우[15] 또는 중고장비처리업자 등으로부터 비정상적으로 유통된 제품 또는 중고제품을 구입해 제품을 제작할 경우에는 "본질적으로 결함 있는 공기호흡기"가 생산·판매·유통될 수 있다는 점이 문제이다. 왜냐하면 한국소방산업기술원이 실시하는 형식승인 및 사전검사에서는 용기의 압력, 기밀 등에 대한 정밀검사는 하지 않기 때문이다. 형식검사를 하지 않는 이유는 용기에 대한 각종 검사는 「고압가스안전관리법」에 따라 이미 실시된 것으로 보기 때문이다([표 3-8] 참조).

소방방재청 조사에서 발견된 불법공기호흡기는 폐용기를 사용해 제품을 만들었기 때문에 「고압가스안전관리법」에서 규정한 "용기" 품질기준 적용이 애매한 상황이었다. 이처럼 공기호흡기 제작자가 문제가 있는 중고용기 등을 사용해 제작한 공기호흡기는 관계기관의 합동조사에서 발견되거나 사고발생 후 사후적으로 발견된다. 따라서 현재 판매·유통중인 제품의 사후적 수집검사 기능을 강화하는 등 생산자에 대한 정부규제제도의 한계점을 보완할 필요가 있다.

15) 공기호흡기 제작자가 용기판매점의 비정상적인 용기를 판별하지 못해 구입한 경우, 즉 정교한 합격필증을 위조, 외관상으로는 정상제품과 동일한 것으로 보여 구입하였으나 사실은 비정상적인 제품인 경우.

제4절 불량·미검사 공기호흡기에 대한 정부규제의 문제점 분석

1. 공기호흡기 및 용기의 예방적 유지관리제도의 내용과 한계

공기호흡기의 예방적 유지관리는 관리내용에 따라 "용기에 대한 유지관리"와 "용기부속품에 대한 유지관리"로 구분할 수 있고, 또한 유지관리에 필요한 전문성 정도에 따라 자체검사와 외부 전문기관에 위탁하는 위탁검사로 구분할 수 있다.

공기호흡기 성능유지를 위한 안전검사의 구체적인 내용은 반복사용으로 인한 성능약화, 재료나 재질의 노후화, 내압시험 및 기밀시험 등을 통한 결함여부, 고무패킹의 마모 여부, 용기내부 부식 등에 대한 검사이다. 그 외에도 용기내 공기의 청결도 등을 유지하도록 하고 있다. 이러한 유지관리 내용을 정리하면 [표 3-10]과 같다.

[표 3-10] 공기호흡기 유지관리기준 및 보건·위생·안전검사 관련 법규

구분	관리대상	유지관리 내용	관련법규	소방규정
용기	용기	- 내용연수경과로 인한 성능평가, 노후화, 파손, 균열 관련 재검사 주기	「고압가스안전관리법시행규칙」 제39조 별표 22	「소방장비내용연수지정고시」 제3조 별표 1
		- 용기 내압시험 검사 (안전검사)	「고압가스안전관리법」 제17조	「호흡보호장비안전관리에 관한 기준」 고시 제9조(안전검사)
공기호흡기	공기호흡기세트, 용기, 면체 내용연수	- 세트 및 용기는 15년, 공기호흡기 면체는 3년	-	「소방장비내용연수지정고시」 제3조
	공기호흡기 불용처분	- 내용연수 경과 물품 사용여부, 내용연수 미경과시 경제적 수리한계	-	「소방장비내용연수지정고시」 제4조
	용기 내 공기질	- 공기품질기준(산소, 이산화탄소, 일산화탄소, 수분 등의 퍼센트·PPM)	-	「호흡보호장비안전관리에 관한 기준」 고시 제4조
		- 공기 교체기간 3개월(90일)	-	「소방장비관리규칙」 제15조 별표 4/「호흡보호장비안전관리에 관한 기준」
	용기충전기 내 공기질	- 6개월마다 1회 이상 공기성분분석, 1년마다 시험기관 정밀분석 - 성분검사결과 안전기준에 미달하면 재분석 등	-	「소방장비관리규칙」 제15조 별표 4
	공기호흡기 보관	- 충격낙하방지위험 수납설비 보관 - 밀폐상태 보관 - 충전·미충전 구분 - 충전공기 90일 경과시 교체 - 고장대비 예비부품 확보	-	「호흡보호장비안전관리에 관한 기준」 고시 제6조
	공기호흡기용기 및 면체 위생검사	- 화재 및 오염 환경에서 사용 후 면체 위생검사, 연 1회 이상 밀착검사	-	「호흡보호장비안전관리에 관한 기준」 고시 제8조

그런데 이와 같은 유지관리 규정이 있음에도 소방방재청의 조사 결과, 불량호흡기가 146개소에 312대, 미검사 공기호흡기가 234개소에 968대가 발견되었다는 점은 공기호흡기 유지관리자나 사용자가 「고압가스안전관리법」과 「소방시설설치유지 및 안전관리에 관한 법률」에서 규정된 안전점검(safety checking), 안전검사(safety inspection), 안전감사(safety audit)에 관한 규정을 적극적으로 준수하지 않은 것으로 볼 수 있다.

용기나 용기부속품에 대한 예방적 유지관리가 제대로 이루어지지 않을 경우 불량 공기호흡기와 미검사 공기호흡기가 다량으로 발생할 수 있으며 이로 인한 위험은 다음과 같다.

첫째, 공기호흡기 사용 시 대피유도 및 구조 활동에 문제가 발생할 수 있다. 즉, 검사과정에서 밸브장치연결부분이나 호스 부분의 균열 또는 파손을 발견하지 못하고 간과할 경우 사용 시 공기가 누출될 수 있다. 경보장치 유지관리 부실로 인하여 사용 시 경보음이 울리지 않거나 경보음이 낮게 울려 구조자가 현장에서 탈출할 시기를 놓칠 위험이 있다.

[그림 3-2] 내용연수 경과 용기 폭발 사진

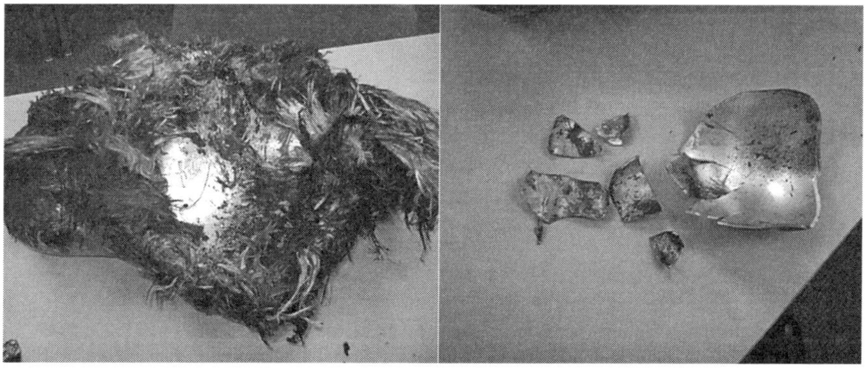

자료: 의정부지방검찰청 고양지청(2009).

둘째, 내용연한이 경과되거나 노후화된 공기호흡기를 교체하지 않을 경우 성능저하로 인한 문제가 발생할 수 있다. 의정부지방검찰청 고양지청이 한국가스안전공사의 기술지원을 받아 압력실험을 한 결과 30분용 공기호흡기는 150bar[16]로 충전해 사용하는데, 내용연수가 경과한 불량 공기호흡기 용기는 이와 같은 고압을 이기지 못하고 폭발한 것으로 나타났다.[17]

따라서 공기호흡기 성능저하로 인한 사용실패를 줄이기 위해 법률에 규정한 의무검사의 준수율을 높일 수 있는 방안을 모색할 필요가 있다. 뿐만 아니라 간단한 사항은 외관으로 점검할 수 있는 육안점검(visual inspection)을 활성화할 수 있도록 할 필요가 있고 내용연수 경과 전에도 고무패킷, 용기구멍, 부식 등이 발생할 경우에는 검사 전문업체에 위탁점검을 의뢰하도록 권장 또는 유도할 필요가 있다.

[표 3-11] 자율적·의무적 안전점검 및 검사유형

구 분	내 용
자체점검	방화·안전관리자 등의 육안점검(외관, 비치상태 등)
전문업체 위탁점검	소방시설점검업체에서 공기호흡기 변형·손상 여부 및 작동기능 등 종합정밀점검(연 1회 이상)
전문기관 용기검사	「고압가스안전관리법」에 따라 내용연수 경과 10년 이하 5년, 10년 초과 3년마다 용기압력 및 기밀시험(450kg/㎠)
소방관서 점검	소방관서에서 필요한 경우 특별점검을 통해 설치기준 적정여부, 공기압력상태 등 점검 및 사용법 교육

16) 물 1kg을 150m 밀어 올리는 정도의 힘과 압력.
17) 의정부지방검찰청 고양지청(2009.5).

특히 의도적으로 안전점검과 검사를 소홀히 한 경우 제재방안을 검토할 수 있지만 검사규정의 존재를 모르거나 비의도적인 규정 미준수에 대해서는 홍보와 소방관서의 안전점검 시 교육 및 권고하는 방안을 고려할 수 있다.

2. 용기폐기 기준·절차·방법에 대한 분석과 한계

(1) 폐기 대상과 폐기 주체에 관한 법규내용 비교

폐기대상 용기는 "사용중인 공기호흡기 용기"에서 발생할 뿐만 아니라 "신규용기 생산과정"에서도 발생한다. 파기대상인 폐용기는 [표 3-12]와 같이 사용중인 용기에 결함이 있거나 용기훼손·깨짐 등으로 공기 누수가 발생할 경우 또는 용기 내용연한이 경과하거나 용기 재검사에서 불합격 판정을 받은 용기이다.

[표 3-12] 파기용기 대상 및 관련 규정

<table>
<tr><th rowspan="2">단계</th><th rowspan="2">대상</th><th colspan="2">폐기주체</th><th rowspan="2">관련법률</th></tr>
<tr><th>자체폐기</th><th>폐기전문기관</th></tr>
<tr><td>생산
과정</td><td>신규제품
불합격품
재검사
불합격품</td><td>용기제조·수리·수입업자</td><td>- 한국가스안전공사
- 민간전문폐기업체
(00텍, 0진산업)</td><td rowspan="2">「고압가스
안전관리법」
제17조,
시행령
제40조</td></tr>
<tr><td>사용중</td><td>구입 후
재검사
불합격품</td><td>특정소방대상물·특정소방대상물 이외 건물·특정소방대상물 구조·대피 지원조직·산업체 무상대여 기관의 공기호흡기 관리자 및 사용자</td><td>- 한국가스안전공사
- 민간전문폐기업체
(00텍, 0진산업)</td></tr>
</table>

공기호흡기 용기(cylinder)가 내용연수경과(15년)·노후·부식 등으로 사용능력이 떨어져 유사시 정상적으로 사용할 수 없는 경우 자체적으로 완전 폐기하거나 외부재검사 전문기관에 의뢰해 폐기한다. 다중이용시설에 비치된 공기호흡기가 자체검사에서 비정상적인 상태이거나 혹은 소방서의 소방점검에서 정밀검사를 권고 받을 경우 한국가스안전공사나 민간 검사전문업체에게 의뢰해 안전검사를 받는다.

(2) 내용연수 경과한 용기에 대한 처분기준 및 절차

특정소방대상물, 소방관서, 경찰특공대 등의 폐기대상 용기와 폐기절차는 다음과 같다. 첫째, 소방관서의 인명구조 및 화재진압용 공기호흡기의 경우 경제적 사용기간인 내용연수는 15년으로 규정하고 있다. 만일 소방관서에서 "사용할 수 없는 소방장비"가 있을 경우 이를 소방기관의 장에게 보고해야 하고 소방기관의 장은 보고받은 사항을 확인하고 장비담당자에게 해당 소방장비의 반납 등 필요한 조치를 취하도록 하고 있다.

[표 3-13] 소방장비 품목별 내용연수

연번	개별목록 번호	대분류	중분류	소분류	세부분류	내용연수
472	4272-101	소방	보호장비	신체보호용	공기호흡기세트	15
473	4272-102	소방	보호장비	신체보호용	공기호흡기용기	15
474	4272-103	소방	보호장비	신체보호용	공기호흡기면체	3
475	4272-104	소방	보호장비	신체보호용	공기호흡기(호스형)	15
476	4272-105	소방	보호장비	신체보호용	산소호흡기(폐쇄식)	15

자료: 소방장비 내용연수 지정고시 제3조 별표 1.

내용연수가 경과하지 않아도 경제적 수리한계가 초과되었을 경우에는 불용 처분할 수 있다.[18] 내용연수가 경과하지 않아도 화재진압이나 구조 활동에 사용빈도가 높은 공기호흡기는 사용중에 열에 노출, 마모, 흠집, 깨짐, 안면부(면체) 이완 등으로 인해 성능이 저하될 경우 교체할 수 있다([표 3-14] 참조).

소방방기관의 장은 불용처분 받은 소방장비에 대해서는 물품관리법 또는 지방자치단체 물품관리조례[19]에 의하여 처분하도록 규정하고 있다.[20]

둘째, 경찰특공대가 구조목적으로 사용하는 공기호흡기는 경찰장비에 해당된다. 경찰장비 중 사용할 수 없는 물품은 "불용품" 또는 "활용불가능물품"으로 규정하는데, 불용품이란 "규격 또는 모형이 달라져 정비가 곤란하거나 정비하여도 본래의 목적에 사용할 수 없는 물품," "훼손 또는 마모되어 본래의

[표 3-14] 불용 처분 기준관련 규정

구 분	내 용	조 항
소방장비 불용처분	1. 내용연수가 경과하여도 사용에 지장이 없는 물품은 계속 사용할 수 있다. 2. 내용연수가 경과하지 않아도 경제적 수리한계가 초과되었을 경우에는 불용 처분할 수 있다. 3. 사용량을 계량할 수 있는 물품으로써 제조회사가 경제적 사용량을 공시한 경우에는 이를 기준으로 불용 처분할 수 있다.	「소방장비 내용연수 지정고시」 제4조

18) 「소방장비 내용연수지정고시」 제4조(불용장비의 처분).

19) 「물품관리법」에 의하면 불용품을 폐기할 경우 불용품 폐기조서를 작성해야한다(「물품관리법 시행규칙」 제57조). 서울시 공유재산 및 물품관리조례 제71조에 의하면 "훼손 또는 마모되어 수리하여도 원래 목적에 사용할 수 없는 물품"은 불용품으로 처리할 수 있고 폐기처리시 불용품폐기조서를 작성하고 폐기처분을 하는 때에는 지정하는 공무원의 입회하에 하도록 하고 있다.

20) 「소방장비관리규칙」 제22조.

목적에 사용할 수 없게 되었거나, 수리하여 사용하는 것이 비경제적인 물품” 등을 말하고,[21] 활용불가능물품이란 물품관리관이 불용으로 결정한 폐품을 의미하며 “수리하여 사용하는 것이 비경제적인 물품, 즉 수리비 지출의 경제적 한계를 초과하는 물품”을 말한다.[22]

대테러장비, 생활안전장비, 경호장비 등 경찰장비가 훼손되어 본래 목적에 사용할 수 없을 경우 물품관리관이 경찰청 해당 국·관의 검토를 받아 즉시 불용처분하도록 하고 있다.[23]

경찰장비의 경우 불용품 처분절차를 보면 물품관리관이 불용 승인한 불용품은 “불용품(매각·폐기)요청서”를 작성하여 계약담당공무원에게 매각 또는 폐기를 의뢰하여야 하고, 매각 또는 폐기의뢰를 받은 계약담당공무원은 대상물품을 매각 또는 폐기처리하고 그 결과를 물품관리관에게 보고하도록 하고 있다.[24] 물품관리관은 필요시 불용 처분한 결과를 경찰청 총괄물품관리관에게 보고하여야 한다. 해체 또는 폐기 시에는 “불용품(해체·폐기)조서”를 작성하여야 한다.[25]

(3) 폐용기 판정된 용기에 대한 파기절차 및 방법

전문검사업체로부터 불용제품으로 판정받을 경우 파기철차에 따라 파기해야 한다. 파기방법은 원형으로 가공할 수 없도록 파기해야 하고, 파기할 때 검사장소에서 검사원 입회하에 용기 및 특정설비제조자로 하여금 실시하게 한다. 신규용기검사나 재검사에서 불합격한 용기는 절단 등의 방법으로 파기

21) 「경찰장비관리규칙」 제24조 3항의 4, 5.
22) 「경찰장비관리규칙」 제25조.
23) 「경찰장비관리규칙」 제27조 및28조.
24) 경찰서 물품관리관은 불용품 중 취득단가 500만원 미만의 사용 불가능품에 대하여는 별지[제10호] 서식에 의한 “불용결정(승인)통보서”를 작성하여 자체 불용처분한다(「경찰장비관리규칙」 제30조).
25) 「경찰장비관리규칙」 제31조.

하여 원형으로 가공할 수 없도록 하고 있다.

신규용기 파기의 경우 검사장소에서 검사원 입회하에 용기 및 특정설비 제조자로 하여금 실시하도록 하고 있고, 재검사용기의 경우 검사장소에서 검사원으로 하여금 직접 실시하게 하거나 검사원 입회하에 용기 및 특정설비의 사용자로 하여금 실시하도록 하고 있다.[26)]

[표 3-15] 불합격 용기의 파기방법

구 분		내 용	관련 법규
용기파기		- 시장·군수 또는 구청장은 검사나 재검사에 불합격한 용기나 특정설비는 지식경제부령으로 정하는 바에 따라 파기하여야 함	「고압가스 안전관리법」 제17조 3항
불합격 용기의 파기 방법	신규의 용기 및 특정 설비	- 절단 등의 방법으로 파기하여 원형으로 가공할 수 없도록 할 것 - 파기하는 때에는 검사장소에서 검사원 입회하에 용기 및 특정설비제조자로 하여금 실시하게 할 것	「고압가스 안전관리법 시행규칙」 제40조 1항 관련 별표 23
	재검사의 용기 및 특정 설비	- 절단 등의 방법으로 파기하여 원형으로 가공할 수 없도록 할 것 - 잔가스를 전부 제거한 후 절단할 것 - 검사신청인에게 파기의 사유·일시·장소 및 인수시한 등을 통지하고 파기할 것 - 파기하는 때에는 검사장소에서 검사원으로 하여금 직접 실시하게 하거나 검사원 입회하에 용기 및 특정설비의 사용자로 하여금 실시하게 할 것 - 파기한 물품은 검사신청인이 인수시한(통지한 날부터 1개월 이내) 내에 인수하지 아니하는 때에는 검사기관으로 하여금 임의로 매각 처분하게 할 것	

26) 「고압가스안전관리법 시행규칙」 제40조 1항 관련 별표 23.

「고압가스안전관리법」에 의하면 용기 등을 제조·수리·수입한 자는 그 용기 등을 판매하거나 사용하기 전에 지식경제부장관, 시장·군수 또는 구청장의 검사를 받도록 하고 있다. 용기 손상발생, 합격표시 훼손 등이 발생할 경우 시장·군수 또는 구청장의 재검사를 받아야 한다.[27] 시장·군수 또는 구청장은 검사나 재검사에 합격한 용기에 대해서는 합격증명서를 배부하지만 불합격한 용기는 지식경제부령으로 정하는 바에 따라 파기하여야 한다.[28]

3. 폐기 판정된 용기가 재사용하게 된 과정분석과 개선과제

용기검사 및 재검사에서 불합격한 용기는 폐기(파기)하도록 규정하고 있는데[29] 파기방법은 절단 등 원형을 유지할 수 없도록 해야 하며, 용기를 파기할 때에는 검사 장소에서 검사원 입회하에 용기 및 특정설비제조자로 하여금 실시하도록 규정하고 있다.[30] 이는 폐용기의 재활용을 사전적으로 차단하기 위한 것이다. 그러나 폐용기 처분절차 준수 규정이 있음에도 불구하고 이를 준수하지 않은 사례가 발생할 경우 문제가 된다. 고양시에서 발견된 불법공기호흡기는 소방서의 장비담당자가 폐기처분대상 용기를 제대로 처리하지 않고 임의로 유출한 것이 불법 제품제작의 한 원인이 되었다([그림 3-3] 참조).

즉 소방서의 장비관리담당자(3인)가 2006년에 내용연수(15년) 경과, 노후, 부식 등으로 인해 정상적으로 사용할 수 없는 폐기대상 용기 약 230개를 폐기절차에 따라 폐기하지 않고 적정처리업체에 인계한 것처럼 문서처리하고, 시

27) 검사나 재검사를 받아야 할 용기 등으로서 검사나 재검사를 받지 아니한 경우에는 이를 양도·임대 또는 사용하거나 판매할 목적으로 진열하여서는 아니 된다.
28) 「고압가스안전관리법」 제17조 1항·2항·3항·5항·6항.
29) 「고압가스안전관리법」 제17조 3항.
30) 「고압가스안전관리법 시행규칙」 제40조 1항 관련 별표 23.

[그림 3-3] 불량공기호흡기 제조·유통 흐름

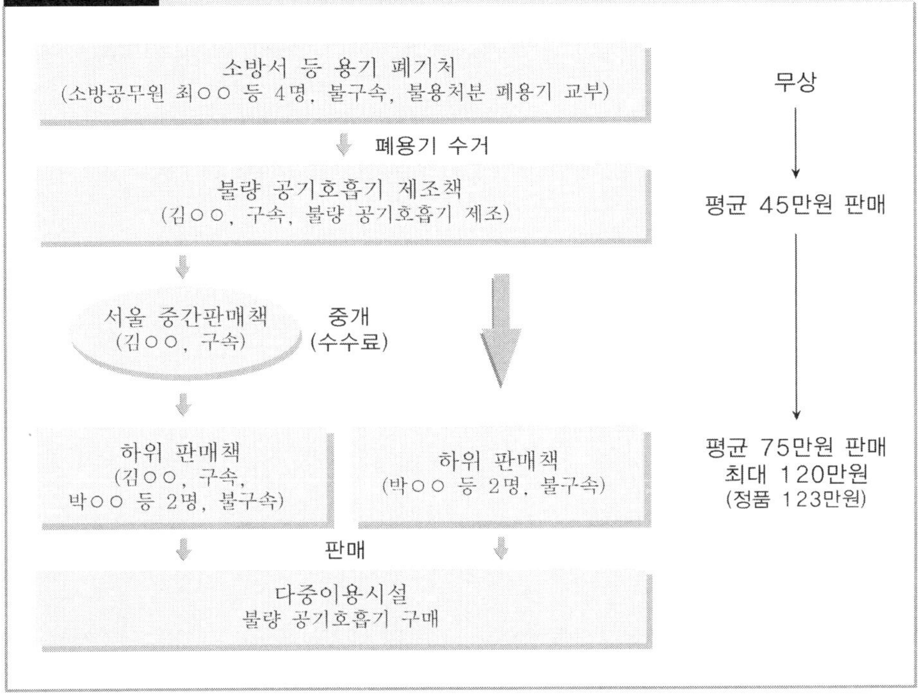

자료: 의정부지방검찰청 고양지청(2009.5.4).

중의 한 업체에 무상 교부하였다. 한편 이를 인수한 업체에서는, 천공된 폐용기[31]의 경우 부분 납땜하고 그 위에 가짜 상표라벨을 붙여 납땜 흔적을 숨긴 다음 폐품상태인 마스크 등을 연결하는 방법으로 불량제품을 생산한 것으로 나타났다.[32]

---

31) 용기에 지름 5cm 크기의 구멍을 뚫어 폐기하는 것을 말한다.

32) 이들 소방공무원 3명은 허위공문서작성, 허위작성공문서행사로 인해 불구속기소되었다(의정부지방검찰청 고양지청, 2009.5.4).

[그림 3-4] 폐용기를 납땜해 제조한 납땜 공기호흡기 및 폭발사진

자료: 의정부지방검찰청 고양지청(2009).

폐용기를 납땜해 제작한 공기호흡기는 정상적인 압력으로 충전할 수 없어 용기 내의 공기량이 부족하므로 유사시 제 기능을 수행할 수 없어 사용실패를 초래할 수 있다. 공기량이 정상제품보다 적어 기대사용시간(30분용, 50분용)을 충족시키지 못하므로 이러한 사실을 모르고 공기호흡기를 사용하는 사용자에게 치명적 사용실패(catastrophic failure)를 가져올 수 있다. 또한 고압으로 공기를 충전하면서 땜질한 부분이 파손되어 주변 사람을 다치게 할 수 있다.

고양시에서 발견된 불법 공기호흡기가 생산될 수 있었던 것은 이와 같이 소방관서의 장비담당자가 폐용기를 완전파기하지 않고 중고업체에 넘겨 준

것이 원인이었다는 점을 고려할 때 앞으로도 자체검사나 외부 재검사전문기관으로부터 폐기판정 받은 공기호흡기가 제대로 폐기처분되지 않는 경우가 발생하지 않도록 방지해야 할 뿐만 아니라 중고업체의 재료를 재사용한 불법 공기호흡기가 제작되지 않도록 엄격한 감시·감독이 필요하다.

따라서 폐용기가 재사용되지 않도록 하기 위해 기존의 폐용기 처분과정의 투명성 확보방안과 관리감독 절차를 좀 더 정교하게 개선할 필요가 있다.

Chapter 04

공기호흡기 사용실패 예방을 위한 안전규제 개선방안

제1절 기본 방향

공기호흡기의 사용실패를 줄이기 위해서는 제작자가 제품 생산 시 본질적 안전성을 높여야 할 뿐만 아니라 구매자의 사후적 유지관리역량이 높아야 한다. 즉 [그림 4-1]의 (유형 4)와 같이 생산자가 불법·불량제품을 판매·유통시키지 않아야 하고 사용자와 관리자의 예방적 유지관리가 철저히 이행되어야 한다. 그러나 (유형 1)과 같이 제품 자체가 본질적으로 불안전한 상태에서 유지관리까지 부실하다면 치명적인 사용실패(catastrophic failure) 가능성이 매우 높다. 또한 (유형 3)과 같이 사후적 유지관리를 잘하더라도 제품의 본질적 불안전성을 보완할 수는 없으므로 이 경우에는 낮은 수준의 사용실패(low-order failure)가 발생할 가능성이 높다.

따라서 치명적 실패 가능성이 높은 (유형 1)과 낮은 수준의 실패 가능성이 있는 (유형 2), (유형 3)을 (유형 4)로 이동시키기 위해서는 생산자 및 고객

[그림 4-1] 본질적 안전성과 유지관리역량에 따른 사용실패 유형분석

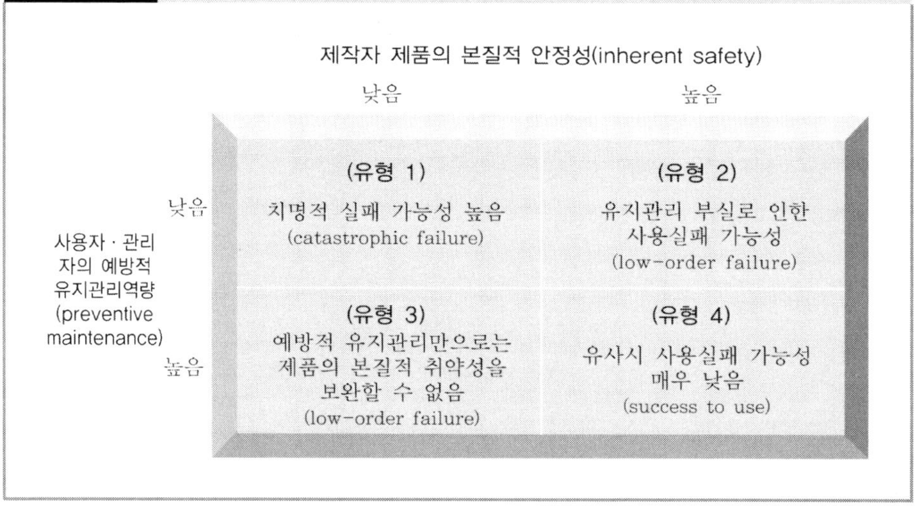

에 대한 정부규제의 개선이 필요하고 고객의 생산자에 대한 간접적 규제도 개선할 필요가 있다.

제 2 절 생산자 측면: 생산자에 대한 안전규제의 개선

공기호흡기의 생산·유지관리·폐기과정에서 가장 관심을 기울여야 할 사항은 불법 공기호흡기의 생산 자체를 차단하는 것이다. 불법으로 제조된 공기호흡기는 본질적인 안전성이 확보되지 않아 단기간에 성능이 저하될 가능성이 높고, 사후적으로 아무리 유지관리를 잘해도 성능유지에 한계가 있기 때문이다. 또한 이러한 업체들은 정상적인 생산업체가 갖추어야 할 제조시설·장비를 제대로 갖추고 있지 않다. 불법 공기호흡기가 생산·유통되는 경우는 [그림 4-2]에서 (유형 3)과 (유형 4)이다.

[그림 4-2] 유통·판매중인 공기호흡기의 검사절차 준수 유형

사후제품검사 \ 형식인증 검사(형식시험, 시험시설심사)	받음(인증)	받지 않음
검정 받음 (검정합격)	(유형 1) 정상제품 (inherent safety)	(유형 2) 이론상으로 불가능 (사후제품검사 신청은 형식승인 받은 제품을 대상으로 시행하기 때문임)
검정 받지 않음	(유형 3) 사후제품검사 받지 않고 유통한 불법제품	(유형 4) 무허가 생산업체의 불법제품 (inherent unsafety)

(유형 3)은 형식검사 받은 후 사후제품검사를 받지 않고 제품을 유통·판매한 경우이고, (유형 4)는 형식검사와 사후제품검사를 받지 않은 제품이다. 고양시 모병원에서 발견된 불법 공기호흡기를 비롯한 소방방재청의 조사에서 발견된 143대의 "불법 공기호흡기"는 (유형 4)에 해당되는 것이었다.

따라서 (유형 3)보다는 (유형 4)의 경우가 발생하지 않도록 최우선적으로 제도를 보완해야 할 필요가 있다.

소방방재청 조사에서 발견된 불법 공기호흡기는 폐용기를 사용해 제품을 만들었기 때문에 「고압가스안전관리법」에서 규정한 "용기" 품질기준 적용이 애매한 상황이었다. 이처럼 공기호흡기 제작자가 문제가 있는 중고용기 등을 사용해 제작한 공기호흡기는 관계기관의 합동조사에서 발견되거나 사고 발생 후 사후적으로 발견된다. 따라서 현재 판매·유통중인 제품의 사후적 수집검사 기능을 강화하는 등 생산자에 대한 정부규제제도의 한계점을 보완할 필요가 있다.

이러한 문제점의 개선방안은 다음과 같다. 첫째, 「소방시설설치유지 및 안전관리법」에 규정한 사후검사인 수거검사를 확대 적용하는 방안을 고려할 수 있다. 둘째, 「고압가스안전관리법」에 의해 "용기판매·대리점"에 대해 실시하는 수집검사를 "공기호흡기 판매·대리점"까지 확대해 불법공기호흡기에 대한 적발가능성을 높이는 방안을 고려할 수 있다. 셋째, 공기호흡기 비치가 의무규정이 아닌 일반 건물에 대해서는 소방서가 시행하는 소방점검(check)을 통해 불법·불량제품의 발견 가능성을 높이는 방안을 고려할 수 있다.

1. 공기호흡기에 대한 수거검사의 활성화

「소방시설설치유지 및 안전관리에 관한 법률 시행령」 제37조에서 정하는 소방기기는 한국소방산업기술원으로부터 형식승인을 취득한 다음 검정(사전제품검사 또는 사후제품검사)을 받은 후 판매 또는 사용하도록 하고 있다.

사전제품검사제도를 둔 이유는 소방기기들은 화재 등 위급상황에서 정확하게 작동되어야 하는 대기성(待機性) 기기이므로 불량품이 생산·유통되는 것을 최대한 방지하기 위함이다. 그러나 불법공기호흡기 제작자는 인증검사와 사전제품검사를 거치지 않고 생산·판매하거나 형식인증 검사를 받은 후 사전제품 검사를 받지 않고 판매하는 경우가 있다.

따라서 사전제품검사 이외에도 사후검사제도의 도입을 신중하게 검토할 필요가 있다. 사후검사제도는 소방산업기술원이 소방방재청의 의뢰를 받아 유통 중인 제품을 수시로 수거하여 검사하는 제도인데 공기호흡기에는 적용되지 않고 현재 누전경보기, 송수구 등과 같이 주요 대기성 기기가 아닌 제품에서 대해서 적용되고 있다.[1)]

만일 공기호흡기를 사후검사대상에 포함시킨다면 불법공기호흡기의 발견가능성을 더 높일 수 있을 것이다. 이와 관련, 현재에도 「소방시설설치유지 및 안전관리에 관한 법률」 제46조[2)]와 「소방용 기계기구 등의 형식승인에 관한 규칙」 제52조에 근거해 수거검사를 실시할 수 있다. 이 경우 물품의 품질향상 등을 위하여 필요하다고 인정되는 경우에는 소방대상물에 설치되어 있거나 유통중에 있는 소방용 기계·기구 및 방염물품 등을 수거하여 시험할 수 있도록 하고 있으며, 공기호흡기를 사후감독 차원에서 수거할 수 있도록 하고 있다. 이러한 규정에 근거한 수거검사는 소방방재청의 판단에 따라 가능한 것으로 보인다.

---

1) 사후검사를 받는 제품은 경보류(간이형 수신기, 누전경보기), 기계류(일제개방밸브, 결합금속구, 관창, 송수구, 소방펌프) 등이다(http://www.kfi.or.kr/biz/inspect_02.asp).

2) 수거 및 확인 시험은 「소방용 기계·기구의 형식승인 등에 관한 규칙」 제52조에 규정하고 있다.

2. 용기에 대한 수집검사 강화

현재 폐용기를 이용하는 불법공기호흡기 제작자들은 사전제품검사 과정을 거치지 않고 유통·판매하기 때문에 사전적발에 한계가 있고 유통·판매중인 제품에 문제가 발생해야만 조사과정을 거쳐 적발하게 된다는 문제점이 있다.

즉 「고압가스안전관리법」에서는 용기 판매점·대리점의 용기제품에 대해서는 수집검사를 수행하지만 용기를 사용해 제작한 공기호흡기 제품의 판매점이나 대리점에 대해서는 수집검사를 하지 않고 있다. 이는 공기호흡기는 「소방시설설치유지 및 안전관리법」에 따라 관리하는 것으로 보기 때문이다.

「고압가스안전관리법」에 따르면 사고발생 우려가 높은 고압용기에 대해 지식경제부장관, 시도지사, 구청장 등은 해당업체의 제품과 대리점에서 판매·유통

[표 4-1] 유통중인 용기 및 용기부속품 검사

구분	내용	조항
용기 등의 품질보장	- 시장·군수·구청장은 용기 등의 안전관리를 위해 유통중인 용기 등을 수집검사하여 결함이 있을 경우 회수·교환·환불을 명할 수 있음	「고압가스안전관리법」 제18조 2항
유통중인 용기의 수집·검사 등	- 수집검사대상 용기 및 용기부속품(밸브, 안전밸브)이 용기 제조검사 및 용기부속품 제조검사 기준에 적합한지 여부를 검사함	「고압가스 안전관리법 시행규칙」 제44조
결함용기의 회수·교환·환불 및 공표명령	- 회수 대상용기의 유통·판매 중지 및 일간지 공표	「고압가스안전관리법 시행규칙」 제44조의 2

중인 제품에 대해 수집검사를 할 수 있다. 지식경제부장관, 시도지사, 구청장 등은 한국가스안전공사에 행정명령을 통해 위탁검사를 의뢰할 수도 있고 전문검사기관에 위탁 수행하도록 할 수 있으며 그 결과를 보고받을 수 있다([표 4-1] 참조).

수탁검사기관은 불법·불량제품의 발생원인과 문제점을 조사해 검사를 의뢰한 기관에 보고한다. 만일 이러한 제품에서 문제가 있을 경우 지식경제부장관, 시도지사 등은 해당 제품에 대해 부분 회수 혹은 전량 회수 조치를 취할 수 있다.

따라서 유통·판매되는 불법 공기호흡기를 보다 원천적으로 차단하기 위해서는 「고압가스안전관리법」에서 규정한 용기(복합재료용기)수집검사, 결함용기 회수방안을 공기호흡기 제품에도 확대 적용하는 방안을 고려해 볼 수 있다.[3]

3. 소방서의 소방점검의 확대 강화

소방서의 안전점검은 안전검사가 아닌 소방점검 차원에서 관할 소방서 구역 내 특정소방대상물의 공기호흡기 관리 상태를 점검하는 것을 말한다. 소방관서에서도 특정소방대상물에 대하여 소방검사[4]를 할 수 있는데, 공기호

---

3) 판매·유통중인 공기호흡기의 용기에 대한 검사방안은 그 범위를 지나치게 확대하지 않도록 유의할 필요가 있다.

4) 소방검사제도는 「소방시설설치유지 및 안전관리에 관한 법률」 제4조에 근거해 실시하는 검사로써 검사권자는 소방본부장 또는 소방서장이다. 2009년 소방검사 대상은 총 791,034개소(일반검사대상 751,269개소, 자체점검대상 39,765개소)이다. 검사 내용은 관계인에게 필요한 보고를 하도록 하거나 자료제출 명령, 소방대상물의 위치·구조·설비 또는 관리의 상황을 검사하며 관계인에게 질문을 할 수 있다. 소방검사 항목은 ① 소방시설 등의 설치 또는 유지·관리에 관한 사항, ② 피난시설 및 방화시설의 유지·관리에 관한 사항, ③ 방화관리 업무수행(공공기관 등의 방화관리 포함)에 관한 사항, ④

흡기는 피난장비로써 소방설비에 포함되므로 「소방시설설치유지 및 안전관리에 관한 법률」 제4조 1항의 "소방시설 등의 설치 또는 유지·관리에 관한 사항" 및 4항의 "소방시설 등에 대한 자체점검에 관한 사항"에 의해 포괄적으로 검사를 수행한다. 소방서의 소방검사는 엄격한 의미에서 소방점검에 더 가깝다.

왜냐하면 소방서의 공기호흡기 안전점검은 중장비나 정밀한 검사장비를 사용한 검사(inspection)가 아니라 간단하게 용기의 보관상태, 압력유지상태, 계기판 작동상태, 조작버튼 나사 등의 이탈 여부 등과 같은 외관상 훼손 상태 등을 점검(check)하고, 용기 검사 및 관리·사용요령·교환시기 등을 권고하거나 교육하는 역할을 수행하기 때문이다.

소방검사제도를 활용할 경우 공기호흡기 의무비치 대상 건물인 특정소방대상물인 2,755개소 이외의 자율비치 건물들에 대한 불법·불법의심 공기호흡기 발견 가능성을 높일 수 있다. 2009년 기준 소방검사 대상은 일반검사대상 751,262개소, 자체검사대상 39,765개이므로 의무비치기관인 2,755개소 이외의 건물에 대한 관리실태를 점검할 수 있다.

소방시설 등에 대하여 실시한 자체점검에 관한 사항, ⑤ 화재예방조치에 관한 사항, ⑥ 불을 사용하는 설비 등의 관리와 특수가연물 저장·취급에 관한 사항 등이 있다. 소방검사는 정기검사와 특별검사가 있으며 정기검사는 화재예방과 진압대책을 위해 특정소방대상물별 소방검사계획을 수립하여 실시하는 화재예방 전반에 관한 검사를 말하고, 특별검사는 대형화재발생 및 계절적 취약시기의 특별점검을 말한다(소방방재청, 2009: 154, 2009예방통계자료).

[표 4-2] 소방검사 대상 특정소방대상물

구분		계		소방검사대상		종합정밀검사대상	
		소방검사	종합정밀	일반대상	공공기관	일반	공공
계		751,269	39,765	732,537	18,732	19,945	19,820
1	근린생활시설	395,010	1,188	394,310	700	1,138	50
2	위락시설	6,979	23	6,978	1	22	1
3	문화집회 및 운동시설	17,432	1,687	17,113	319	719	968
4	판매시설 및 영업시설	3,461	1,696	3,234	227	958	738
5	숙박시설	27,596	446	27,587	9	439	7
6	노유자시설	20,221	1,093	17,828	2,393	98	995
7	의료시설	1,916	597	1,903	13	504	93
8	아파트	22,165	5,681	22,140	25	5,671	10
	기숙사	800	86	767	33	44	42
9	업무시설	30,836	7,212	19,487	11,349	2,107	5,105
10	통신촬영시설	714	308	671	43	287	21
11	교육연구시설	5,262	11,226	2,520	2,742	340	10,886
12	공장	97,891	1,350	97,885	6	1,303	47
13	창고시설	16,911	357	16,881	30	320	37
14	운수자동차 관련시설	9,716	437	9,620	96	176	261
15	관광휴게시설	648	41	611	37	8	33
16	동식물 관련시설	17,283	25	17,263	20	11	14
17	위생 등 관련시설	1,499	214	1,244	255	10	204
18	교정시설	22	67	10	12	0	67
19	위험물 저장 및 처리시설	39,019	20	39,006	13	10	10
20	지하가	844	93	650	194	27	66
21	지하구	367	64	282	85	1	63
22	문화재	2,445	9	2,360	85	1	8
23	복합건축물	32,232	5,845	32,187	45	5,751	94

자료: 소방방재청(2009).

여기서 점검은 사용연한이 경과된 호흡기나 성능이 의심되는 공기호흡기를 전문업체에 검사받도록 유도·권고하는 조치를 취하는 것을 말한다.

또한 소방관서에 필요한 경우 특별점검 빈도와 범위를 확대해 공기호흡기 설치기준의 적정성 여부, 공기압력상태 등 점검 및 사용방법을 교육할 필요가 있다. 고양시에서 발견된 불법공기호흡기의 경우에도 소방서에서 공기재충전 서비스를 하는 과정에서 발견되었다.

4. 특정소방대상물에 대한 재검사 전문업체 활성화 유도

특성소방대상물은 「소방시설설치유지 및 안전관리에 관한 법률」 제 2 조 및 시행령 제 5 조에서 정한 소방대상물로 다중이용업소를 포함한 근린시설, 위락시설, 숙박시설 등을 말한다.[5] 특정소방대상물은 소방검사[6] 대상에 포함

---

5) 이외에도 특정소방대상물에는 노유자시설, 의료시설, 공동주택, 업무시설, 통신촬영시설, 교육연구시설, 공장, 창고, 운수자동차시설, 관광휴게시설, 동식물관련시설, 위생 등 관련시설, 교정시설, 위험물저장 및 처리시설, 지하가, 지하구, 문화재, 복합건축물, 다중이용업소, 신종다중이용업소, 지하다중이용업소, 고층건축물 등이 있다(「소방시설설치유지 및 안전관리에 관한 법률시행령」 제5조).

6) 소방검사제도는 「소방시설설치유지 및 안전관리에 관한 법률」 제4조에 근거해 실시하는 검사로서 검사권자는 소방본부장 또는 소방서장이다. 2009년 소방검사 대상은 총 791,034개소(일반검사대상 751,269개소, 자체점검대상 39,765개소)이다. 검사 내용은 관계인에게 필요한 보고를 하도록 하거나 자료제출의 명령하거나 또는 소방대상물의 위치·구조·설비 또는 관리의 상황을 검사 / 관계인에게 질문을 할 수 있다. 소방검사 항목은 ① 소방시설 등의 설치 또는 유지·관리에 관한 사항, ② 피난시설 및 방화시설의 유지·관리에 관한 사항, ③ 방화관리 업무수행(공공기관 등의 방화관리 포함)에 관한 사항, ④ 소방시설 등에 대하여 실시한 자체점검에 관한 사항, ⑤ 화재예방조치에 관한 사항, ⑥ 불을 사용하는 설비 등의 관리와 특수가연물 저장·취급에 관한 사항 등이 있다. 소방검사는 정기검사와 특별검사가 있으며 정기검사는 화재예방과 진압대책을 위해 특정소방대상물별 소방검사계획을 수립하여 실시하는 화재예방전반에 관한 검사를 말하고, 특별검사는 대형화재발생 및 계절적 취약시기에 특별점검을 말한다. 소방방재청(2009:154), 2009예방통계자료.

되지만 모든 특정대상물이 소방검사에 포함되는 것은 아니다. 2009년 1월 1일 현재 소방검사 대상인 특정소방대상물은 751,269개소이다.[7] 소방방재청이 전체 특정소방대상물 중 "수용인원 100인 이상의 지하역사 백화점 등은 층마다 인명구조용 공기호흡기를 2대 이상 설치하도록 하고 있는 「소방시설설치유지 및 안전관리에 관한 법률」의 기준에 해당되는 특정소방대상물은 전국적으로 2,826개소였고 이들 대상물이 구입비치하고 있는 공기호흡기 15,880대인 것으로 나타났다.

[표 4-3] 특정소방대상물의 공기호흡기 설치 현황

구분	계	서울	부산	대구	인천	광주	대전	울산	경기	강원	충북	충남	전북	전남	경북	경남	제주
대상물	2,826	761	285	213	128	128	91	64	454	62	59	74	78	98	125	155	51
호흡기	15,880	4,194	1,397	1,232	778	703	635	448	3,246	286	321	382	404	347	554	729	224

자료: 소방방재청(2009.7).

다중이용시설에 비치하고 있는 공기호흡기는 자체점검 대상이지만 자체적인 점검을 통해 불량 공기호흡기로 의심되면 외부 재검사 전문업체에 정밀검사를 위탁할 수 있다.

특히 외부기관인 소방서의 소방점검 과정에서 불량제품이나 내용연수가 지난 제품으로 지적을 받을 경우 지적받은 업체는 재검사기관에 용기를 보내 검사를 받게 된다. 현재 우리나라의 용기 재검사기관은 2곳이 있으며 2곳에서 검사 이외에도 폐기처리 업무도 병행하고 있다.

재검사 전문기관은 재검사 주기에 해당되는 공기호흡기나 용기의 내용연한이 경과한 제품, 소방서등으로부터 불량용기 혹은 불량이 의심되는 제품으로 판정돼 재검사 권고를 받은 제품 등을 소유한 업체로부터 검사의뢰를

7) 소방방재청(2009:158), 2009예방통계자료.

[표 4-4] 공기호흡기 용기 재검사기관 현황

재검사기관명	소 재 지
00이텍	경기도 오산시 원동
00이텍	부산광역시 강서구 성정동
대0산업	충북 청원군 강내면 황탄리

받는다. 재검기관의 용기검사에 합격한 제품은 공기를 주입하지 않은 상태에서 합격필증을 붙여서 검사를 의뢰한 업체에 다시 보낸다. 검사업체로부터 용기 등을 되돌려 받은 업체는 공기충전 장비를 갖춘 전문업체나 소방서의 공기충전기를 사용해 용기에 공기를 재주입한 후 재사용한다.[8] 그러나 용기검사기관에서 불합격판정을 받은 경우에는 용기를 폐기한다.

공기호흡기를 의무비치하고 있는 특정소방대상물의 관리주체들이 재검사 전문업체를 이용해 법규에 규정한 대로 주기적인 검사 및 수시검사를 할 수 있도록 활성화할 필요가 있다.

5. 벌칙의 형평성 제고

공기호흡기에 부착된 합격필증은 사용자가 공기호흡기 구매 여부를 결정하는 중요한 판단 기준이다. 그런데 사용자가 공기호흡기를 구매하는 경우 용기 등에 대하여 내압시험 등을 실시하는 것은 불가능하므로 관련법규에 따라 용기표면에 부착된 합격필증 부착 여부에 따라 정상품인지 아닌지를 판단할 수밖에 없다. 그런데 소방방재청의 실태조사에서 폐용기 천공부위를 용접한 후 매끄럽게 메우고 정교하게 제조업체 상표(형식승인 스티커 등)를 위조하

8) 000텍 장비재검사 담당자와의 인터뷰.

[그림 4-3] 정상용기 형식승인 스티커와 불법제품의 스티커

합격증지 원본		합격증지 위조본	
정상용기	규 격	불법용기	규 격
	가로 1.5㎝ 세로 1.5㎝	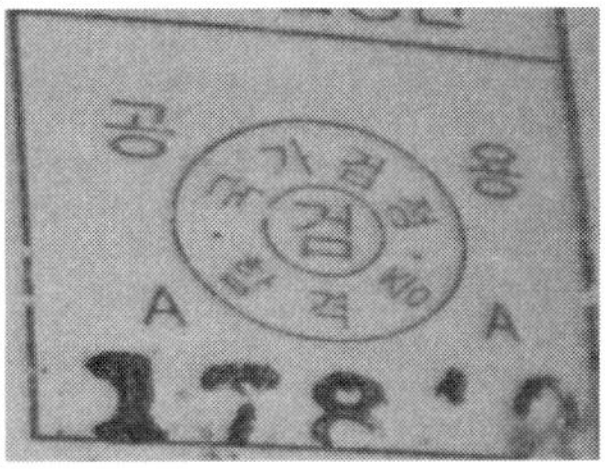	가로 1.5㎝ 세로 1.5㎝ ※ 일련번호를 스템플로 색인

자료: 소방방재청(2009.6.1).

여 외관상 식별이 어려운 경우도 있었다([그림 4-3] 참조).

이러한 점을 감안하면 합격필증을 위조한 경우에 대한 벌칙이 지나치게 가벼운 등 벌칙의 형평성이 맞지 않은 측면이 있다. 현행 「소방시설설치유지 및 안전관리에 관한 법률」에 의하면 용기생산자가 용기를 불법제조·판매한 경우에는 3년 이하의 징역 또는 1천 500만원 이하의 벌금에 처하고 있으며[9] 합격표시(필증)를 위조한 경우는 300만원 이하의 벌금에 처할 수 있도록 규정하고 있다.[10]

합격표시(필증) 위조에 따른 벌칙규정을 공산품 안전·품질표시를 위조한 자와 비교해 보면 「품질경영 및 공산품안전관리법」[11]의 경우 공산품의 제조업자 및 수입업자는 안전·품질표시대상공산품에 거짓으로 안전·품질표시를 하지 못하도록 하고 있을 뿐만 아니라 해당표시를 임의로 변경하거나 제거하지 못하도록 하고 있다. 이를 위반한 경우는 1년 이하의 징역 또는 1천만원 이하의 벌금에 처하도록 하고 있다([표 4-5] 참조). 따라서 합격표시 위조의 경

9) 「소방시설설치유지 및 안전관리에 관한 법률」 제48조 2의 5호.
10) 「소방시설설치유지 및 안전관리에 관한 법률」 제50조.
11) 「품질경영 및 공산품안전관리법」 제23조 1항 및 2항.

우에는 현재의 벌금형으로 되어 있는 법정형을 「품질경영 및 공산품안전관리법」과 유사한 정도로 상향조정하는 방안을 고려해 볼 수 있다.

[표 4-5] 공기호흡기 합격표시 위변조 및 용기개조 관련 벌칙 내용

벌칙	해당 사항	관련 법규
3년 이하의 징역 또는 1천 500만원 이하의 벌금	- 소방용 기계·기구의 형식승인을 얻지 아니하고 소방용 기계·기구를 제조 또는 수입한 자 - 제품검사를 받지 아니한 자 - 형식승인을 얻지 아니하거나 사전제품검사를 받지 아니한 소방용 기계·기구를 판매·진열 또는 소방시설공사에 사용한 자	「소방시설설치유지 및 안전관리에 관한 법률」, 제48조 2의 5호
300만원 이하의 벌금	- 규정을 위반하여 제품검사에 합격하지 아니한 제품에 합격표시를 하거나 합격표시를 위조 또는 변조하여 사용한 자 - 규정을 위반하여 성능시험에 합격하지 아니한 제품에 합격표시를 하거나 합격표시를 위조 또는 변조하여 사용한 자	소방시설설치유지 및 안전관리에 관한법률」, 제50조
1년 이하의 징역 또는 1천만원 이하의 벌금	- 안전·품질표시 대상 공산품에 거짓으로 안전·품질표시, 해당표시를 임의 변경	「품질경영 및 공산품안전관리법」 제39조의 8과 9
5년 이하의 징역 또는 5천만원 이하의 벌금	- 용기·특정설비를 개조한 자	「고압가스안전관리법」 제38조 1항

제 3 절 구매자의 품질평가 역량 측면: 구매자의 간접규제 개선

특정소방대상물에 대한 소방방재청의 실태조사 결과와 달리 소방기관·경찰특공대 등에서는 불법·불법의심 공기호흡기가 발견되지 않은 이유는 이들 기관은 제품납품·구매 시에 제품의 질을 평가하는 제도를 갖추고 있었기 때문이다. 하지만 현재 병원, 할인점 등 대부분이 특정소방대상물에서는 자체적인 품질평가기능이 미약하기 때문에 불법 공기호흡기를 구입할 가능성이 있다.

따라서 이러한 구매자들의 품질평가 능력을 높일 수 있는 개선방향을 모색할 필요가 있다. 제품 구매자의 제품평가 역량을 높일 경우 생산자가 불량제품을 생산해도 구매자가 구입하지 않기 때문에 결함제품구입으로 인한 사용실패를 줄일 수 있다. [그림 4-4]에 나타난 바와 같이 고객(구매자·사용자)의 제품 품질평가역량이 낮을 경우 (유형 1)과 같이 치명적 사용실패를 초래할 수 있다.

또한 (유형 3)과 같이 사후적인 유지관리를 관리를 잘한다 해도 사용실패를 줄이는 데 한계가 있다. 따라서 구매단계에서 불법제품을 사전 차단하기 위해서는 특정소방대상물 해당업체의 품질평가역량을 높이는 방안을 고려할 필요가 있다. 즉 결함 있는 제품의 구매거부행위는 생산자에게 간접적인 규제를 가할 수 있는 방법이다.

고객의 품질평가능력 향상시킬 필요성은 과거 소방관서가 경험한 사례에서 타산지석 학습[12)]할 수 있다.

12) 타산지석 학습(Vicarious Learning)은 타인의 경험을 통해 간접적으로 학습하는 것으로 조직이론 및 사회심리학에서는 "대리학습"이라고도 한다.

[그림 4-4] 고객의 간접규제·유지관리 역량에 따른 사용실패 가능 유형

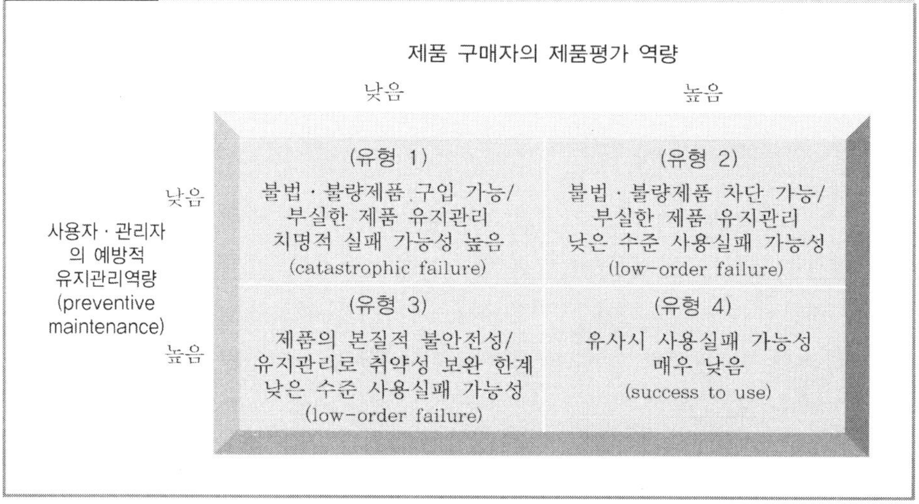

1. 소방기관의 장비점검전담반

소방기관의 경우 시·도 소방본부에 소방장비검사전담반을 설치하여 관할 소방관서에서 구매하는 소방장비의 중간검사와 납품검사를 전담하게 하고 있다. 전담반 조직구성은 반장 1명(반장의 직급은 지방소방경 이상으로 하고 있음)을 두고 있으며, 전담반 인원은 시·도별 장비구매 수요량에 장비분야별로 정하고 있다.[13]

소방기관에서 품질평가 능력을 높이기 위해 「소방장비검사전담반」을 운영하게 된 배경은 납품된 장비에 대한 제품 검사능력이 부족하였기 때문이다.

13) 「소방장비검사전담반 운영규정」 제3조. 검사전담반 운영규정 제정은 2005년 서울원목초등학교 소방안전체험현장에서 민간인 3명이 시범 도중 굴절사다리차에서 추락한 사고가 발생한 것을 계기로 소방기관의 자체소방장비성능 테스트능력 강화차원에서 취해진 조치였다.

[표 4-6] 소방장비검사반 분야별 인원

기동장비	진압장비	구조장비	구급장비	정보통신
2~4명	2~3명	2~3명	2~3명	2~3명

자료: 「소방장비 검사전담반 운영규정」 제3조.

즉, 과거에는 소방장비 담당공무원이 소방장비에 대한 이해력이 부족하거나 전문성이 부족해 일부 장비납품업체들이 저품질 장비를 납품해도 이를 통제할 수 없었다.

일부 장비납품업체들은 이런 약점을 이용해 장비를 일방적으로 납품하거나 수요부에서 실시하는 검수과정에서 시험성적서 등을 요구하면 국내에는 검증할 기관이 없다는 이유로 납품을 받아줄 것을 강요하는 행태를 보이는 경우도 있었다.

2. 경찰장비규칙의 규격제정 원칙

경찰관서에서 운용중인 경찰특공대의 경우 공기호흡기 구입 방법에 관한 직접적인 규정은 없지만 「경찰장비관리규칙」의 "규격제정 원칙"에 포괄적으로 규정하고 있다. 그 내용은 호흡기의 기능성과 안전성에 관한 것으로 기능성은 "장비가 사용목적에 적합하도록 품질이 보장되는 것"을 의미하고, 안정성은 "사용 시 생명·신체에 위해를 줄 우려가 있는 장비는 안전성이 확보되어야 한다"는 것을 의미한다.[14]

14) 「경찰장비관리규칙」 제39조.

3. 산업안전보건법의 적격품 여부 확인 규정

산업현장의 밀폐 공간과 산소결핍 공간에서 사용하는 공기호흡기는 안전보건관리책임자가 제품구입시 적격품 여부를 확인하도록 하고 있다. 산업안전보건법 제13조에 의하면 안전보건관리책임자는 건강진단 등 건강관리에 관한 사항 이외에도 안전·보건에 관련되는 안전장치 및 보호구 구입 시 적격품 여부 확인에 관한 임무가 있다.

4. 규제자의 피규제자에 대한 간접규제 방안

현재 소방관서·경찰특공대·한국보건산업안전공단 등에서는 제품 납품 시 제품의 성능평가 절차를 거치도록 하고 결함제품 구매 통제제도를 확보하고 있는데, 이는 생산자에 대한 간접적 규제로 볼 수 있다([표 4-7] 참조).

[표 4-7] 고객의 생산자에 대한 간접규제

생산자	고 객	구매 시 품질평가제도	관련규정
제조자·수입자	특정소방대상물 (지하역사·다중이용업소 등)	없음	없음
	소방관서, 경찰특공대, 한국산업안전보건공단	장비검사 전담반 운용	「소방장비 검사전담반 운영규정」 제2조
	경찰특공대	규격제정원칙 (기능성, 안전성)	「경찰장비관리규칙」 제39조
	한국산업안전보건공단	적격품 여부 확인 임무	「산업안전보건법」 제13조

이와 같이 소방 · 경찰 등에서 운용하는 불법제품 구매 차단제도의 의미를 고려해 볼 때 특정소방대상물 등 건물에서도 불법공기호흡기나 결함이 있는 공기호흡기 구매를 차단할 수 있는 유사한 제도를 운용하게 하거나 이를 적극 지원할 것을 고려해 볼 수 있다.

예컨대, 공기호흡기를 비치해야 하는 특정소방대상물의 자체적인 품질평가 역량이 부족할 경우 구매단계에서 제품에 대한 품질평가 능력을 간접적으로 향상시키는 방안으로 외부의 전문가에 의한 일회성 자문(one-point out-sourcing) 방법을 고려할 수 있다.

특히 대형할인매장이나 호텔 등은 층별로 2대씩 공기호흡기를 비치해야 하므로 지상과 지하로 이루어진 특정소방대상물은 다량으로 기기를 구입하게 되는데 자체적으로 품질평가 능력이 없는 경우 일시적으로 외부 민간전문검사기관의 도움을 받는 일회성 자문 방법을 고려해 볼 수 있다.

일회성 자문은 구매자의 품질에 대한 정보부족 문제를 보완하는 것으로 구매자가 생산자의 불법 · 불량제품을 거부하는 간접적인 규제로 해석할 수 있다. 달리 표현하면 규제자가 피규제자에 대한 간접규제를 인위적으로 창조한 것으로 볼 수 있다.

제4절 사용자·관리자 측면: 고객에 대한 정부규제 개선

고객에 대한 정부규제의 개선방안은 특정소방대상물의 소유주·점유자·관리자 그리고 외부지원기관인 소방기관·경찰특공대 등을 의미한다.

고객은 공기호흡기를 구입하는 주체를 말하며 실질적인 주체는 성능유지관리 업무수행과 밀접한 관계가 있는 관리자·사용자로 볼 수 있다. 공기호흡기를 필요로 하는 고객은 크게 4가지로 구분할 수 있는데 [표 4-8]과 같이 자체·외부고객으로 구분할 수 있다.

자체조직은 공기호흡기를 의무적으로 구입해야 하는 "특정소방대상물"과 자율적으로 구입하는 "특정소방 대상물 이외의 건물"로 구분할 수 있고, 외부지원조직은 유사시 "특별소방대상물의 인명구조·대피·생화학 물질 제거 등의 업무를 지원하는 조직"과 밀폐공간 등 위해공간에 노출된 근로자를 보호하기 위해 영세산업체에 공기호흡기를 무상으로 대여해 주는 "무상대여 조직"이 있다. 또한 공기호흡기 구입에 대한 강제성 여부에 따른 기준으로 구분하면 의무구입과 자율구입으로 구분할 수 있다.

이들이 수행해야 할 예방적 유지관리 업무에 관한 것으로 구체적인 내용은 다음과 같다.

[표 4-8] 공기호흡기 구입 고객(관리자·사용자)의 유형

구입 주체	고객의 유형	사례	의무 여부	관련 법률
자체 조직	특정소방대상물의 관리자·사용자	병원, 지하철역사, 관광호텔, 할인점 등 다중이용업소	의무적 구입 (층별 2개 구입)	소방시설설치유지 및 안전관리에 관한 법률 제15조 별표 4
	특정소방대상물 이외의 건물의 관리자·사용자	소규모 다중이용업소, 공장, 아파트 등	자율 구입	-
		산업체(밀폐공간), 위해공간 산업체	의무 구입 (수량규정은 없음)	「산업안전보건법」 제2조
외부 지원 조직	특정소방대상물의 구조·대피 지원조직의 관리자·사용자	소방관서	의무 구입	소방장비관리규칙 제9조 1항 별표 3, 구조 및 구급장비기준 제1조 별표 1
		경찰특공대	자율 구입	-
	산업체 대상 무상대여 조직의 관리자·사용자	한국산업안전보건공단	자율 구입	-

1. 공기호흡기 성능 유지·관리의 효율화

(1) 유지관리매뉴얼 및 장비관리대장에 의한 업무연계성 강화

특정소방대상물에서의 불량 공기호흡기 등을 적극적으로 줄이는 방법으로 공기호흡기 유지관리 매뉴얼이나 장비관리대장을 만들어 적극적인 유지관리를 유도할 필요가 있다. 소방기관과 경찰특공대 등 자체조사에서 불량·미검사 공기호흡기가 없었던 이유는 자체적인 성능유지관리 규정을 별도로 운

[표 4-9] 소방기관 공기호흡기 성능유지관리 관련 규정

구분	관련 규정
공기호흡기 관리·유지기준, 장비점검	「소방장비관리규칙」 제17조, 제19조
공기호흡기 장비 작동 및 관리점검	「호흡보호장비 안전관리에 관한 기준」 제5조
용기 내 공기의 품질검사 공기호흡기 보관, 위생검사, 안전검사	「호흡보호장비 안전관리에 관한 기준」 제4조 「소방장비관리규칙」 제15조
공기호흡기 내용연수 및 불용처분 기준	「소방장비내용연수지정고시」

영한 것이 상당한 영향을 미친 것으로 보인다.

첫째, 소방기관은[15] 공기호흡기의 성능유지와 관련된 자체적 안전검사기준을 가지고 있는데 이는 「소방장비관리규칙」, 「소방장비 내용연수 지정고시」, 「호흡기장비 안전관리에 관한 기준고시」 등이다([표 4-9] 참조).

「소방장비관리규칙」에 의하면 소방기관의 장은 소방장비에 고장이 있거나 불량사항이 발견된 경우 및 소방장비의 성능을 향상시킬 필요가 있다고 인정되는 경우에는 해당 소방장비를 정비하도록 하고 있다.[16] 소방장비 정비는 자체수리를 하거나 「소방산업의 진흥에 관한 법률」 제14조에 따른 한국소방산업기술원 또는 전문정비업체 등에 의뢰하여 정비하도록 규정하고 있다. 또한 소방방재청장, 시·도지사 및 소방서장은 시·도의 소방기관 또는 소속 소방기

[표 4-10] 소방장비 확인점검

소방방재청장	시·도지사	소방서장
필요시	연 1회	연 1회

15) 여기서 소방기관이라 함은 소방본부·소방서·중앙 및 지방소방학교·119안전센터·구조대 및 소방항공대 등 소방업무를 수행하는 기관을 말한다(「소방장비관리규칙」 제2조의 2).

16) 「소방장비관리규칙」 제17조 및 제19조.

관의 소방장비 관리상태에 대하여 주기적으로 확인점검하도록 하고 있다.

소방장비의 확인점검은 적정한 소방장비 및 부품의 관리계획 수립과 이행 실태, 소방장비의 효율적인 관리상태, 예방점검의 이행상태, 소방장비의 관리운용상황 기록·유지 상태 등을 수행한다.[17)]

그리고 소방서에서는 공기충전기 등 호흡보호장비 일체에 대한 전문지식을 갖춘 "호흡보호장비 전담기술팀" 2~3명으로 구성하여 장비 작동 및 관리업무를 수행하도록 하고 있다. 이들은 호흡보호장비 점검계획을 세워 연 2회 이상 소방관서를 순회하면서 이상유무 등 일제점검정비를 시행하여 용기의 위생검사나 공기성분분석 등을 실시하고 불량용기에 대한 특별관리와 고장부분에 대한 점검정비 등을 하도록 하고 있다.[18)]

[표 4-11] 공기호흡기의 관리 · 유지 기준

구분	내 용	조항
구조장비 및 보호장비의 관리·유지 기준	가. 호흡용 공기의 질은 미국호흡용압축공기표준(CGA G-7.1)의 규정에 의한 E등급 이상일 것 나. 공기충전기는 6월 이내마다 1회 이상의 공기의 성분분석을 자체적으로 하여야 하고, 1년 이내마다 시험기관의 정밀분석을 받을 것 다. 성분검사결과 안전기준에 미치지 못하는 경우에는 충전된 용기의 모든 공기를 빼내고 공기충전기의 운용을 중지한 후 그 원인을 조사하여 잘못된 부분을 시정하고 재분석을 실시할 것 라. 공기호흡기의 용기는 충전일자를 기록·유지하여야 하며, 충전된 공기는 3월 이상 보관 사용하지 아니할 것 마. 공기호흡기의 용기 및 공기충전기는 「고압가스안전관리법」에 의하여 관리·운용할 것	「소방장비 관리규칙」 제15조 별표 4

17) 「소방장비관리규칙」 제21조 2항.
18) 「호흡보호장비 안전관리에 관한 기준」 제5조, 공기충전기의 전담운영.

공기호흡기의 용기 내 공기품질을 미국호흡용압축공기표준(CGA G-7.1)규정에 의한 E등급 이상을 유지하도록 규정하고 있다.

「소방장비관리규칙」뿐만 아니라 「호흡보호장비 안전관리에 관한 기준」에서도 공기호흡기의 품질에 대해 규정하고 있다. 유사시 사용자의 건강에 위해를 주지 않도록 용기 내의 공기는 냄새나 오물, 금속입자 등이 관찰되지 않도록 관리하고 공기의 구성성분 조건을 [표 4-12]와 같이 유지하도록 하고 있다.

[표 4-12] 호흡기 공기의 품질

산소	19.5~23.5% 이내일 것
이산화탄소	1,000 ppm 이하일 것
일산화탄소	10 ppm 이하일 것
수분	18 mg/m³ 이내일 것
오일미스트	0 mg/m³ 이내일 것

자료: 「호흡보호장비 안전관리에 관한 기준」 제4조, 소방방재청 고시.

공기호흡기 보관, 위생검사, 안전검사에 관해서도 규정하고 있다. 공기호흡기면체는 먼지 등으로부터 오염되지 않도록 염화비닐로 포장하는 등 밀폐된 상태로 보관하여야 하며 시기별로 위생안전을 위한 위생검사를 실시하도록 규정하고 있다.[19)]

위생검사의 경우 공기호흡기 용기는 공기충전 10회마다 1회 또는 연 1회 이상, 공기호흡기 면체의 위생검사는 화재현장, 기타 오염된 환경에서 사용시마다, 밀착검사는 연 1회 이상 또는 사용자의 검사필요성 판단시 하도록 하고 있다. 안전검사의 경우 공기호흡기 용기의 내압시험 등의 검사는 「고압가스안

19) 「호흡보호장비 안전관리에 관한 기준」 제6조, 제8조, 제9조.

[표 4-13] 공기호흡기의 보관·위생검사·안전검사

구분	내용	관련 규정
보관	① 염화비닐로 포장하는 등 밀폐된 상태로 보관하여야 한다. ② 공기호흡기 용기는 5℃ 이상 45℃ 이하의 보관장소에서 충격이나 낙하를 방지하기 위한 수납설비에 보관하고, 공기가 충전된 것과 충전되지 않은 것이 쉽게 구별되도록 분리하여 보관하여야 한다. ③ 공기가 충전된 용기를 90일 이상 보관하였을 때에는 공기를 배출한 후 다시 새로운 공기를 충전하여 보관하여야 한다. ④ 공기호흡기 보관대에 이동용 바퀴를 부착하는 경우에는 바퀴고정장치를 부설하여야 한다. ⑤ 관리기관은 공기호흡기의 고장 발생시 원활한 정비를 위한 예비부품을 미리 확보하여야 한다.	고시 제6조
위생 검사	공기호흡기 용기: 공기충전 10회마다 1회 또는 연 1회 이상 공기호흡기 면체의 위생검사는 화재현장, 기타 오염된 환경에서 사용 시마다, 밀착검사는 연 1회 이상 또는 사용자의 검사필요성 판단시	고시 제8조
안전 검사	공기호흡기 용기의 내압시험 등의 검사는 「고압가스안전관리법」 제17조(용기검사)의 규정에 따라 정기적으로 실시하여야 한다.	고시 제9조

자료: 「호흡보호장비 안전관리에 관한 기준」 고시 제6조, 제8조, 제9조, 소방방재청고시.

전관리법」 제17조(용기검사)의 규정에 따라 정기적으로 실시하도록 하고 있다.

둘째, 경찰특공대의 공기호흡기는 화생방 테러 진압, 인명구조 등을 위해 사용하는 특수장비[20] 중의 하나로써 방독면과 같이 「경찰장비관리규칙」에 근거해 관리되고 있다.

이러한 특수장비는 견고한 보관창고를 만들어 집중 보관하여야 하며 항

20) 대테러장비는 무기류, 탐지장비, 전술장비, 폭발물처리장비, 화생방장비 등이 있다. 이 중 화생방장비는 방사능·화학·생물학 테러예방 및 진압 등에 사용하는 장비를 의미한다(「경찰장비관리규칙」 제74조).

[표 4-14] 경찰특공대의 공기충전기 확보 현황

장비유형	서울	부산	대구	인천	대전	광주	제주	계
공기호흡기	34	13	13	13	13	13	18	117
공기 충전기	1	1	1	1	1	1	1	1

자료: 경찰청 대테러계(2009.11.23).

시 사용가능한 상태로 관리·운용하도록 규정하고 있다.21) 「경찰장비관리규칙」의 "집중관리장비의 점검" 규정에 따르면 점검을 정기점검과 수시점검으로 구분하고 있으며 정기점검의 경우 매월 1회씩 실시하며, 정기점검을 실시한 경우에는 그 결과를 별도의 서식에 따라 물품관리관에게 보고하도록 하고 있다.22)

또한 각급 경찰기관의 장은 분기별 1회 이상 소속기관의 집중관리실 운영상황, 즉 집중관리장비의 이용실적, 손 · 망실 등의 이상 유무 등에 대해 점검하도록 하고 있다.23)

경찰특공대의 경우 공기호흡기 용기의 공기를 질을 유지하기 위해 지역대별로 자체적인 공기충전기를 각각 보유하고 있다([그림 4-5] 참조).

셋째, 외부지원 조직은 아니지만 산업체나 제조업체의 경우 「산업보건기준에 관한 규칙」에 따라 유해가스 노출 위험 등의 장소24)에 있어서도 당해 사업주로 하여금 작업자(근로자)에게 공기호흡기를 지급하여 착용하도록 하고 있다. 또한 이러한 호흡용 보호구를 사업주가 상시 점검하도록 하고, 이상

21) 「경찰장비관리규칙」 제75조.
22) 「경찰장비관리규칙」 제66조.
23) 「경찰장비관리규칙」 제67조.
24) "유기화합물을 넣었던 탱크내부에서의 세정 및 도장업무를 수행하는 장소," "유기화합물의 증기 발산원 밀폐설비 또는 국소배기장치를 설치하지 아니한 실내작업장에서의 유기화합물을 취급하는 업무를 수행하는 장소" 등에 대해서는 사업주로 하여금 호흡용 보호구를 지급하고 착용하도록 규제하고 있다(「산업보건기준에 관한 규칙」 제197조).

[그림 4-5] 서울경찰특공대 공기충전기(좌) / 공기호흡기 세트(우)

이 있는 것은 다른 것으로 교환해 주도록 하는 「호흡용 보호구관리규정」을 두고 있다.[25]

이처럼 외적 지원조직 등의 경우 「고압가스안전관리법」, 「소방시설설치유지 및 안전관리에 관한 법률」 이외에도 독자적인 공기호흡기 성능유지관리규정을 운영함으로써 불량·미검사 공기호흡기 발생을 차단하고 있다는 점은 특정소방대상물 등에서의 공기호흡기 성능유지관리 개선대책을 마련하는 데 많은 시사점을 줄 수 있다.

따라서 공기호흡기의 성능유지관리를 효율적으로 운영하기 위해서는 자체적인 유지관리 매뉴얼이나 장비관리대장을 만들어 활용하는 방안을 고려할 수 있다. 이는 공기호흡기 유지관리 상태를 주기적으로 확인·검사할 수 있어 예방적 유지관리에 도움을 줄 수 있기 때문이다.

공기호흡기를 비치하고 있는 일부 다중이용업소의 경우 공기호흡기 관

25) 「산업보건기준에 관한 규칙」 제199조.

리규정이 있는 것을 모르고 있는 경우가 많았다. 실제로 일부 대형할인점의 경우 고양시의 불법공기호흡기 사건이 언론에 보도된 후 용기재검사 주기와 용기폐기 규정을 처음 알게 되었다고 하는 경우도 있었다.

둘째, 장비관리대장이 필요한 이유는 유지관리정보의 연속성이 없기 때문이다. 소방점검이나 화재교육 등을 통해 교육을 받아도 안전관리자의 경우 근무기간이 짧고 수시로 바뀌는 경우가 많아 신임자들에게 공기호흡기의 유지관리내용 및 재검사 규정, 파기규정 등에 대한 정보가 후임자에게 제대로 전달되지 않는다. 장비관리대장을 만들 경우 후임자는 과거의 유지관리 경과를 한눈에 파악할 수 있는 장점이 있다.

지하철 역사나 공공건물의 경우 공기호흡기에 안전검사 일자와 용기내부 세척일자 및 충전일자 등을 쉽게 알아볼 수 있도록 내구성이 있는 표지를 부착하지만 특정소방대상물의 일부와 특정소방대상물 이외의 건물들 중에는 유지관리에 기록을 잘 하지 않아 미검사 공기호흡기가 많이 발생한다.

(2) 공기호흡기의 특별한 여건에 따른 검사빈도의 신축적 운영

공기호흡기에 대한 검사규정이 있지만 사용빈도 등 특이한 여건과 사정에 따라 검사빈도를 차별화할 필요가 있다. 신규구입 제품이라도 사용빈도가 높을 경우 특히 열악한 환경에서 사용빈도가 높을 경우 공기호흡기의 성능은 떨어질 수밖에 없다. 즉 구입연도보다는 사용횟수에 따라 검사빈도를 다르게 적용할 필요가 있다는 것이다. 또한 공기호흡기가 사고경험이 있는지, 보관장소가 화학약품이나 산화물질의 접촉가능성이 있는지에 따라 수시검사 빈도와 시기를 일률적으로 정하지 말고 신축적으로 운영할 필요가 있다.

용기에 압축공기를 충전한 후 일주일에 3회~4회 사용한 정상적 공기호흡기(Normal Service) 경우보다 5회 이상 사용한 공기호흡기(Heavy Service)에 대해서는 공기압력, 조절기 작동, 마모, 균열, 멜빵·끈의 열손상 등에 대한

[표 4-15] 검사빈도의 적절성을 결정하는 요인

구분	특 징
정상적 사용 (Normal Service)	일주일에 3번~4번 정도 사용하는 경우
다수 사용 (Heavy Service)	일주일에 5회 이상 사용하는 공기호흡기
특별한 상태 (UTAC)	충격, 떨어뜨림, 부딪힘, 부적절한 보관, 육안검사로도 알 수 있는 용기부식, 파임, 균열, 홈(gouge), 구멍, 스크레칭, 용기함몰(dent), 화학물질이나 산화물질에 노출, 보관장소의 열악한 환경

주: UTAC: unusual treatment, accident, or Condition.
자료: Luxfer Cylinder(1987:7), Luxfer's SCBA Cylinder Visual Inspection Guide, Volume One.

육안검사(Visual Inspection) 이상의 전문적인 정밀검사가 필요하다.

(3) 등록제에 의한 자율구매 건물 등의 유지관리 실태 파악

최근 공기호흡기를 의무적으로 구입하지 않아도 되는 "특정소방대상물 이외의 건물"인 소규모 다중이용시설에서 화재발생 가능성이 증가함에 따라 피난자 대피유도 목적의 공기호흡기를 자율적으로 구입하는 사례가 증가하고 있으나 이들 건물에 대한 공기호흡기 유지관리 실태에 대해서는 제대로 파악되지 않고 있다. [표 4-16]에 나타난 바와 같이 현재 우리나라 전체의 공기호흡기를 생산하는 2개 회사의 공기호흡기를 행정기관(소방기관)이 아닌 일반업체(대상처)에 판매한 총대수가 17,298(16,677 + 621)대인 것을 감안하면 특정소방대상물과 특정소방대상물 이외의 건물에서 상당수를 구입한 것으로 추정된다.

따라서 소규모 공장, 냉동창고, 소형마트, 전력회사, 의료법인, 병원, 전자상가, 건설회사 등이 자율적으로 구매한 공기호흡기의 관리실태 파악과 적극

[표 4-16] 제조업체별 공기호흡기 판매기관 및 업체현황 (단위: 대(set))

구 분	계	OO업체			OO업체		
		소계	소방기관	대상처	소계	소방기관	대상처
계	26,979	26,358	9,681	16,677	621	0	621
2006년	5,574	5,367	1,191	4,176	207	0	207
2007년	7,529	7,346	1,934	5,412	183	0	183
2008년	7,794	7,654	2,662	4,992	140	0	140
2009년	6,082	5,991	3,894	2,097	91	0	91

자료: 소방방재청(2009.6.1).

적 유지관리를 유도할 필요가 있다.

그러나 특정소방대상물 이외의 건물에 대해서는 소방방재청이 「소방시설설치유지 및 안전관리에 관한 법률」에 의한 안전검사를 실시할 수 없기 때문에[26] 전반적인 실태를 파악한 자료는 아직 없고 다만 소방방재청이 일부 건물에 대해서 표본조사한 사례는 있다. 따라서 공기호흡기 등록제를 도입할 경우 특정소방대상물과 그 이외의 건물 등의 유지관리실태 파악이 쉬워진다. 안전관리자는 매월 자체 공기호흡기의 비치상태 용기 변형, 균열 등 외관상 점검을 적극적으로 수행해야 한다. 하지만 안전관리자가 유지관리에 관한 규정을 준수하지 않은 경우가 많아 유지관리 실태 파악이 어렵다.

공기호흡기는 의무비치 기관인지 아닌지의 여부를 떠나서 유사시 대피유도 등이 성공적으로 이루어질 수 있도록 성능을 유지시키는 것이 중요하므로 전체 공기호흡기를 일괄적으로 관리할 수 있는 등록제를 도입하는 방법을 고려해 볼 수 있다.

26) 특정소방대상물은 의무적으로 공기호흡기를 구입해 비치하도록 되어 있어 불량 공기호흡기나 미검사 공기호흡기가 발견될 경우 시정명령이나 권고할 수 있는 반면 법적 의무구입 대상이 아닌 "특정소방대상물 이외의 건물"인 경우에는 소방기관에서 조사할 법적 근거가 없고 다만 조언, 권고 등만 할 수 있다.

(4) 「경찰장비관리규칙」의 개정 필요

특정소방대상물 및 특정소방대상물 이외 조직에 대한 외적 지원조직인 경찰특공대의 공기호흡기 성능유지관리를 효율적으로 하기 위해 「경찰장비규칙」에 유지관리에 관한 구체적인 사항을 포함시킬 필요가 있다.

현재 경찰특공대는 공기호흡기를 대테러 장비 및 구조활동 장비로 구입해 경찰장비 중의 하나로 관리하고 있음에도 불구하고 실제로 「경찰장비규칙」에는 공기호흡기가 경찰장비에 포함되어 있지 않다. 즉 「경찰장비관리규칙」에는 공기호흡기 관리에 대한 독립된 유지관리 규정은 없고 경찰장비 중의 하나로 개괄적으로 관리하고 있을 뿐 소방기관처럼 용기내 공기품질유지 규정이나 공기호흡기에 공기를 충전하는 장비인 공기충전기에 대한 공기성분검사, 위생관리, 보관 등에 대한 명확한 규정은 없다.[27)]

경찰특공대는 현재 대테러장비로써 공기호흡기를 총 117대나 보유하고 있고 앞으로 추가적 구입이 예상되므로 구체적인 유지관리 내용을 「경찰장비규칙」에 규정할 필요가 있다.

따라서 「경찰장비관리규칙」이나 「경찰장비관리지침」, 「경찰장비관리 매뉴얼」 등을 개정해 공기호흡기의 명칭, 예방적 유지관리에 관한 내용, 용기내 공기질 유지 등을 신규 조항으로 삽입시킬 필요가 있다. 유지관리 내용을 규칙으로 제정할 경우 지속적이고 일관된 유지관리가 가능하고 인사이동으로 장비관리 담당자가 바뀌어도 업무파악이 용이하다.

(5) 경찰특공대에 CBRNE 차단 특수 SCBA 지급 필요

경찰특공대는 화학적·생물학적·방사선·핵·폭발물(CBRNE)과 관련된 테

27) 경찰청 대테러장비 담당자와 인터뷰한 결과 이러한 문제점을 인정하고 「경찰장비규칙」 개정 시 해당 사항을 반영하겠다고 하였다.

러 발생시 사태수습(crisis relocation) 및 인질구조 업무를 수행해야 하므로 기존의 내화·내연 SCBA로는 유독가스를 차단하기 어렵다. 따라서 앞으로 경찰특공대가 추가적으로 공기호흡기를 확보할 경우 CBRNE를 차단할 수 있는 특수 SCBA를 구입할 필요가 있다. CBRNE 차단 특수 SCBA는 고온뿐만 아니라 저온에 견딜 수 있어야 한다. 저온에서 고온으로 변환 혹은 고온에서 저온으로 변환에도 적응을 할 수 있어야 한다.

[표 4-17] 온도 환경시험 성공조건

환 경	온 도
저온(Cold)	-32°C ± 1°C (-25°F ± 2°F)
고온(Hot)	71°C ± 1°C (160°F ± 2°F)
저온쇼크(Cold temperature shock)	71°C ± 1°C (160°F ± 2°F) transferred to -32°C ± 1°C (-25°F ± 2°F); Test temperature shall be -32°C ± 5°C (-25°F ± 10°F)
고온쇼크(Hot temperature shock)	-32°C ± 1°C (-25 ± 2°F) transferred to 71°C ± 1°C (160°F ± 2°F); Test temperature shall be 71°C ± 5°C (160°F ± 10°F)

자료: http://www.cdc.gov/niosh/npptl/standardsdev/cbrn/scba/cc-scba/concepts/cc-scbacon062005.html

경찰특공대의 SCSA는 내진동(Vibration Endurance), 피복은 내열과 내염(Fabric heat·flame resistance), 실밥의 내열(Thread heat resistance), 급속부식 방지(Accelerated Corrosion), 분진·미립자 차단(Particulate resistance) 등의 특수기능을 수행할 수 있어야 한다. 미국산업안전보건국(NIOSH)으로부터 2007년 CBRN용으로 인증받은 제품의 사양은 다음과 같다.

[표 4-18] 미국산업안전보건국 인증한 CBRN SCBA의 종류(2007)

인증넘버	모델	압력 (psig)	지속시간(분)
TC-13F-76CBRN	AirPak	4,500	30
TC-13F-80CBRN	AirPak	2,216	30
TC-13F-96CBRN	AirPak	4,500	60
TC-13F-212CBRN	AirPak	4,500	45
TC-13F-366CBRN	AirPak	3,000	30
TC-13F-516CBRN	Model NxG7	2,216	30
TC-13F-517CBRN	Model NxG7	4,500	30
TC-13F-518CBRN	Model NxG7	4,500	45
TC-13F-519CBRN	Model NxG7	4,500	60

자료: http://www.cdc.gov/niosh/npptl/standardsdev/cbrn/scba/cc-scba/concepts/cc-scbacon062005.html

2. 폐기대상 용기의 완전파기와 효율적 감시

(1) 「고압가스안전관리법 시행규칙」 개정 필요

공기호흡기 의무비치 대상인 특정소방대상물, 자율 비치 대상 건물, 소방관서, 경찰 등에서 발생하는 작동불능 용기·내구연한 경과 용기는 폐기처리하게 된다. 뿐만 아니라 전문검사기관의 정밀검사 및 재검사에서 불합격한 제품 또한 폐기처리 대상이다. 재검사는 「고압가스안전관리법 시행규칙」에 따라 내용연수가 10년 이하인 용기는 5년, 10년을 초과한 용기는 3년마다 용기압력 및 기밀시험 등을 용기검사 전문기관에 의뢰하여 실시하도록 하고 있는데, 만일 여기서 성능에 문제가 있을 경우 불합격 판정을 받고 그 용기는 폐기처리된다.

[표 4-19] 용기의 종류 및 재검사주기

<table>
<tr><th colspan="2" rowspan="3">용기의 종류</th><th colspan="3">재검사주기</th></tr>
<tr><th colspan="3">신규검사 후 경과연수</th></tr>
<tr><th>15년 미만</th><th>15년 이상
20년 미만</th><th>20년 이상</th></tr>
<tr><td rowspan="2">용접용기</td><td>500L 이상</td><td>5년마다</td><td>2년마다</td><td>1년마다</td></tr>
<tr><td>500L 미만</td><td>3년마다</td><td>2년마다</td><td>1년마다</td></tr>
<tr><td rowspan="2">이음매 없는 용기 또는 복합재료용기</td><td>500L 이상</td><td colspan="3">5년마다</td></tr>
<tr><td>500L 미만</td><td colspan="3">신규검사 후 경과연수가 10년 이하인 것은 5년마다, 10년을 초과한 것은 3년마다</td></tr>
<tr><td rowspan="2">용기부속품 (지식경제부장관이 정하여 고시하는 것은 제외한다)</td><td>용기에 부착되지 아니한 것</td><td colspan="3">2년마다</td></tr>
<tr><td>용기에 부착된 것(압축천연가스 자동차용기용 밸브 외의 내용적 125리터 이하의 용기용 용기부속품은 제외한다)</td><td colspan="3">검사 후 2년이 지나 용기부속품을 부착한 해당 용기의 재검사를 받을 때마다</td></tr>
</table>

자료: 「고압가스안전관리법 시행규칙」 제39조 별표 22.

폐기대상 용기의 폐기방법은 시설주체의 자체 폐기방법과 전문검사기관에 위탁해 파기하는 방법이 있는데 문제는 완전한 파기가 이루어지지 않는 경우가 있다는 점이다. 즉 공기호흡기의 생산·유지·폐기 전체 과정을 나타내는 [그림 4-6]에서 알 수 있듯이 자체검사에서 불용 판정한 제품과 재검전문기관의 판정을 의뢰해 불합격한 제품은 완전 파기해야 하나 그렇지 않은 경우가 발생한다는 점이다. 폐용기를 자체적으로 처리할 장비가 없을 경우 폐기처리 전문기관에 위탁하게 되는데,[28] 이때 폐기처리 담당자가 폐기처리 절차를 준수하지 않거나 위탁 처리한 결과를 확인하지 않을 경우 폐용기가 재활용될

28) 현재 재검사 전문 민간업체는 전국에 3곳(00산업, 000텍 등)이 있다.

[그림 4-6] 공기호흡기 생산·유지관리 과정과 불법제품 생산과정

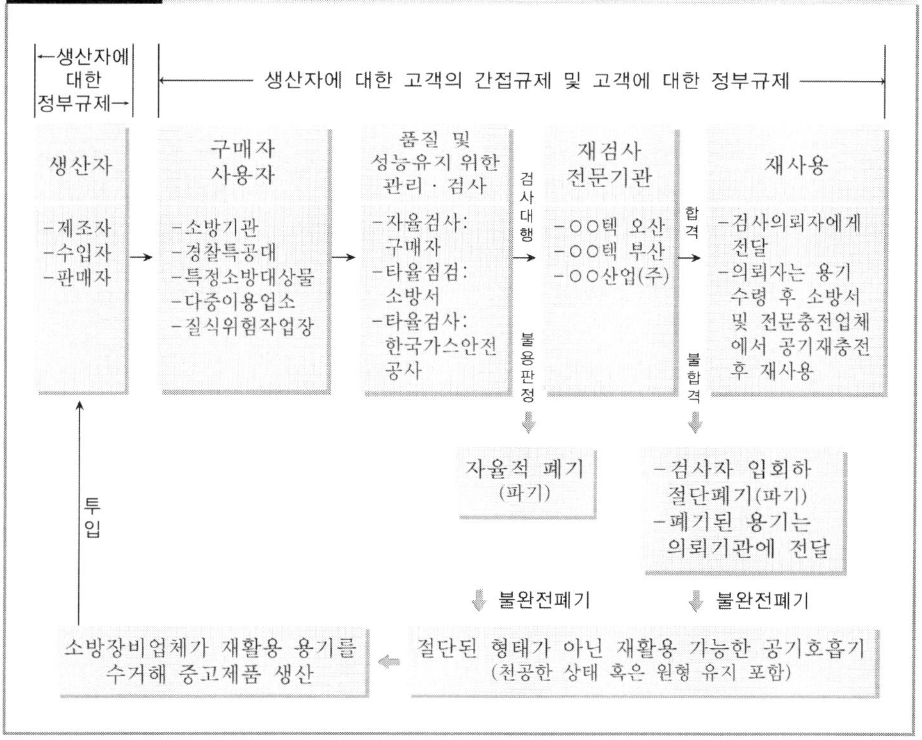

수 있고 불법 공기호흡기를 제작하는 재료로 사용될 가능성이 있다.

즉 「고압가스안전관리법 시행령」에 불합격용기의 파기는 절단 등의 방법으로 원형을 유지할 수 없도록 해야 하며, 용기를 파기할 때에는 검사장소에서 검사원 입회하에 용기 및 특정설비제조자로 하여금 실시하도록 규정하고 있음에도 불구하고[29] 공기호흡기(용기+용기부속품) 폐기 담당자가 규정을 미준수한 사례가 발생한 것이 문제다.

---

29) 「고압가스안전관리법」 제17조 3항 및 「고압가스안전관리법 시행규칙」 제40조 1항 관련 별표 23.

[표 4-20] 한국가스안전공사의 불합격용기 파기 관련 규정

불합격용기 파기	파기 방법	불합격된 용기는 장기간 적재 또는 방치되거나 용기 일부만 형식적으로 절단하여 파기하는 사례가 없도록 한다.	「용기 등 검사업무 처리지침」 제1장 제1절 제3관 제3조 (KGS지침 2106-1호)
	파기 절차	1. 불합격된 용기는 고법 시행규칙[별표 23]에 의거 담당검사원 입회하에 파기하고, 불합격에 대해서는 해당 지역본부(지사)장 또는 담당부장 입회하여 파기하거나 파기용기에 대해 사진을 촬영하여 결재를 받는다. 2. 업소에서 자체적으로 파기할 것을 거부할 경우에는 고압가스안전관리법 제36조의 2에 의해 위반사항을 행정관청에 통보하여 그 처리결과에 따라 필요한 조치 후 기술지도처에 보고한다.	
기록 보존		용기의 종류, 수량, 파기사유, 일시, 장소, 파기자, 입회자 등에 대해 기록하여 제품검사표와 함께 보존한다.	제1장 제1절 제3관 제4조

때문에「고압가스안전관리법 시행령」을 개정해 용기 처리절차의 투명성을 높일 필요가 있다. 이를 위해 현재 한국가스안전공사의「용기 등 검사업무 처리지침」[30]에 규정된 내용 중 "파기용기에 대해 사진을 촬영하여 결재를 받도록 하는 것"과 관련된 파기절차와 "용기의 종류, 수량, 파기사유, 일시, 장소, 파기자, 입회자 등에 대해 기록하여 제품검사표와 함께 보존 하는 것"과 관련된 기록보존에 관한 내용을「고압가스안전관리법 시행령」에 포함시키는 방법을 고려해 볼 수 있다.

30) 한국가스안전공사(KGS)「용기 등 검사업무 처리지침」(KGS지침2106-1호)에서도 정밀검사, 제품검사, 재검사 및 시제품 검사에 따른 불합격용기에 대한 파기방법을 규정하고 있다.

(2) 폐용기 다량 발생 예상기관에 대한 집중관리

폐용기가 많이 발생할 것으로 예상되는 대상기관에 대한 감시의 선택과 집중이 필요하다. 즉 집중적으로 감시해야 할 주요 대상기관은 소방기관과 지하철역사, 관광호텔, 병원 등인데 소방기관의 경우 2010년 현재 가장 많은 공기호흡기와 예비용기를 가지고 있기 때문이다.

소방기관은 25,503대의 공기호흡기와 예비용기 23,591대를 확보하고 있으므로[31] 앞으로 시간이 경과할수록 폐기해야 할 용기가 다량으로 발생하기 때문에 소방기관에 대한 폐용기 파기처리과정을 더욱 엄격하게 확인·관리할 필요가 있다.

“지하철 역사, 백화점, 전문점, 할인점, 쇼핑센터, 지하상가, 영화관” 등은 2003년 대구지하철방화사건을 계기로 2004년 5월부터 공기호흡기 비치가 의무화되었으므로 내구연한이 지난 공기호흡기는 많지 않을 것으로 예상된다.

그러나 “7층 이상 관광호텔 및 5층 이상 병원”은 1981년 11월 6일부터 비치가 의무화되었기 때문에 구형 공기호흡기를 교체하지 않거나 내용연한이 경과 또는 노후화된 공기호흡기가 많을 것으로 추정되므로 이들 건물에서 나오는 폐용기 처리 결과에 대한 집중적 관리가 필요하다.

---

31) 공기호흡기가 우리나라에 처음 도입된 것은 1980년이며, 이후 1984년에 처음으로 공기호흡기가 국내에서 생산되었다. 1998년 공기호흡기의 내무부고시 제97-97호에 의거하여 국가검정이 시행되었고, 지속적인 보급을 통해 현재 소방관서에는 직원 1인당 공기호흡기 1세트 이상이 지급되어 운용되고 있다(김정인, 2003:1).

3. 공기호흡기 기기 이용도 제고

(1) 공기호흡기 사용범위 확대

소방기관과 경찰특공대의 공기호흡기는 소방장비와 경찰장비로써 사용주체가 소방관과 경찰특공대이다. 반면 각 층마다 2대씩 비치하고 있는 특정소방대상물의 공기호흡기는 "피난장비"로써 사용주체를 명확하게 규정하고 있지 않다. 다만 암묵적으로 안전관리자와 방화관리자가 사용하는 것으로 인식하고 있을 뿐이다([표 4-21] 참조).

특정소방대상물 건물 내부에 비치된 공기호흡기는 소방관이 사용하는 "소방장비"가 아니라 유사시 대피자·피난자를 건물내부에서 외부로 유도·안내하는 소방시설 중 "피난설비"로써[32] 사용주체를 안전관리자나 방화관리자로 제한하고 있다.

[표 4-21] 공기호흡기 사용주체 및 동선

장소	사용주체	동선	구분	사용용도
소방서	소방관	외부 → 내부	소방장비	화재진압 및 구조
경찰특공대	경찰특공대	외부 → 내부	경찰장비	테러진압·구조
특정소방대상물	안전관리자	내부 → 외부	피난설비	고객의 피난유도 및 안내
밀폐공간	작업자	외부 → 내부	작업장비	산소결핍장소 개인보호구
지하철 역사	방화관리자	내부 → 외부	피난설비	승객의 비상탈출용·피난용

32) 「소방시설설치유지 및 안전관리법 시행령」 제15조 별표 4(특정소방대상물의 관계인이 특정소방대상물의 규모·용도 및 수용인원 등을 고려하여 갖추어야 하는 소방시설 등의 종류).

그런데 특정소방대상물에 비치된 공기호흡기 사용주체를 제한할 경우 발생할 수 있는 문제점은 고가로 구매한 공기호흡기가 유사시 구매목적 및 사용목적을 달성하지 못하는, 이른바 비치하고도 이용을 안 하는 “사용기회의 상실” 사태가 발생할 수 있다.

따라서 사용주체를 안전관리자(방화관리자) 이외의 일반직원이나 고객(소비자, 승객)이 사용 가능하도록 사용주체의 범위를 재조정해 사용기회 상실을 최소화할 필요가 있다. 특히 법적 의무비치 대수 확보 대비 안전관리자 부족 현상이 발생하는 경우 또는 안전관리자가 있어도 여건상 공기호흡기를 활용할 수 없는 경우에는 비치된 공기호흡기의 “사용기회의 상실” 가능성이 높다.

예컨대, 지하철 역사에 비치된 공기호흡기는 여건상 “사용기회의 상실” 가능성이 있다. 현재 지하철 역사의 공기호흡기는 층별로 2개씩 확보하게 되어 있는데, 일반적으로 지하 1층의 대합실에 2개가 확보되어 있고, 지하 2층 승강장에 2개씩 확보하고 있다.[33] 지하 1층 대합실(역장실)에 비치된 2~3대의 공기호흡기 사용주체는 역무원이나 방화관리자이다.

그런데 승강장에 있는 공기호흡기는 사용자 주체가 애매하다. 왜냐하면 역사 대합실은 역무원 3명이 2교대(야간 2명 고정)로 근무하는 방식이나 2명이 3교대로 근무하는 방식을 채택하고 있기 때문이다. 따라서 역사가 지하 1·2층인 경우 대합실에 보관중인 2~3개 공기호흡기는 역무원이 사용하지만 지하 2층 승강장에 있는 공기호흡기 2~3대는 사용주체가 없다([표 4-22] 참조).

만일 승강장에 화재가 발생할 경우 방화관리자는 1층 대합실에 비치된 공기호흡기를 미리 착용하고 승객대피를 유도하기 위해 지하 2층 혹은 지하 3층으로 이동하기 때문에 지하 2층 혹은 지하 3층의 승강장에 비치된 공기호흡기는 사용할 수 없게 된다. 즉 승강장 공기호흡기 2~4개가 비치는 되어 있으

33) 2005년 1월부터 공기호흡기가 지하철 지하역사 등에 설치를 의무화하게 된 계기는 2003년 대구지하철 화재참사사고였다. 이를 계기로 100명 이상의 다중이용시설에 공기호흡기를 의무적으로 비치하도록 하였다.

[표 4-22] 지하철 역사 공기호흡기 확보기준과 실제 현황

<table>
<tr><th>구분</th><th colspan="2">법적 기준</th><th colspan="2">실제 확보 대수</th></tr>
<tr><td rowspan="2">확보 내용</td><td>대합실 2대</td><td rowspan="2">4대</td><td>대합실 2~4대
(구형 기종까지 포함)</td><td rowspan="2">4~6대</td></tr>
<tr><td>승강장 2대</td><td>승강장 2~4대</td></tr>
<tr><td>비고</td><td colspan="2">각 층별 2대</td><td colspan="2">- 승강장이 중간에 있는 경우는 2대(총 2대)
- 승강장이 벽 쪽에 붙은 경우 양쪽 각각 2대(총 4대)
- 환승역은 승강장과 이동통로에 추가 배치되기도 함</td></tr>
</table>

자료: 서울도시철도공사·서울메트로 관할 지하철 역사 현장조사(2009.11.24).

나 유사시 실제 사용할 사람이 없다는 것이다.[34] 한편 승객들의 대피 및 탈출 동선은 지하 2층 승강장에서 1층 대합실로 이동하는 동선이지만 승강장에 비치된 공기호흡기는 암묵적으로 방화관리자가 사용하는 것으로 인지하고 있어 사용하지 않는다.

예컨대 남태령역[35]과 같이 대합실에서 승강장까지 거리가 44m나 되는 경우 유사시 대합실의 방화관리자(역무원)가 승강장에 내려가 거기에 있는 공기호흡기를 착용하는 것은 현실적으로 어렵다. 게다가 정전으로 엘리베이터나 에스컬레이터 등이 작동되지 않을 경우 더욱 어렵게 된다.[36] 따라서 승강장의 공기호흡기 사용자를 방화관리자나 역무원으로 제한할 것이 아니라 조작방법을 인지하고 있는 승객 등이 사용할 수 있도록 할 필요가 있다.

34) 환승역인 경우는 더 많이 비치하는 경우도 있다. 예컨대, 2호선과 5호선 환승역인 영등포구청역의 경우 환승통로에도 공기호흡기 보관함을 비치하고 있으며, 1개 비치함 공기호흡기를 2개 비치한 곳도 있다.

35) 서울메트로가 3년간 운영업무를 위탁한 곳은 4호선의 남태령역, 동작역, 2호선의 신설동역, 신답역, 용두역, 용답역, 도림천역, 3호선의 지축역 등이다.

36) 대구지하철 방화사건처럼 승강장에서 열차화재가 발생할 경우 역무원이나 안전관리자(방화관리자)가 승강장에 비치된 공기호흡기를 착용하고 대피를 유도할 수 있는 여건은 아니었다.

(2) 공기호흡기 사용방법 부착 의무화

[그림 4-7] 공기호흡기 사용방법 안내 표지(4호선)

만일 공기호흡기 이용도 고양을 위해 암묵적 사용 주체를 재조정할 경우 다음과 같은 조건을 충족시켜야 한다.

첫째, 공기호흡기 사용방법의 가독성(readability)을 높여 쉽게 사용할 수 있도록 해야 한다. 현재 지하철 승강장의 공기호흡기는 "소방용품함"[37] 또는 "승객 구호장비 보관함"[38] 등에 비치하고 있는데 방독면 착용법은 부착되어 있으나 공기호흡기 사용방법은 부착하지 않은 경우가 많다.[39]

당시 사용설명서가 없는 지하철은 2호선, 5호선, 6호선, 7호선 등이었고 9호선은 현장조사가 시작된 직후 바로 부착하였다.

공기호흡기 보관함의 사용설명서는 지하철 승강장뿐만 아니라 역대합실의 공기호흡기 비치함에도 부착할 필요가 있다.

[표 4-23] 공기호흡기 보관함의 사용설명서 부착 현황

구분	사용방법 부착	확인지점	비고
2호선	있음	영등포구청	
3호선	있음	고속터미널	
4호선	있음	남태령	
5호선	없음	여의도	
6호선	없음	삼각지	
7호선	없음	이수역	
9호선	있음	국회의사당	실태조사중 부착함

자료: 지하철 역사 현장방문 조사(2009.11.24).

37) 지하철 9호선, 3호선, 4호선.

38) 지하철 5호선.

39) ([표 4-23], [그림 4-7] 참조. 현재 서울도시철도공사, 서울메트로, 서울 9호선운영(주)의 홈페이지에는 안전장비사용방법에는 소화기, 소화전, 스크린도어 개방요령, 방독면 착용방법 등을 소개하고 있으나 공기호흡기 착용 및 사용방법에 관한 내용은 없다(http://www.metro9.co.kr/safety/safe02.do).

현장조사에서 일부 역사의 방화관리자는 평소 조작방법 교육을 이수해도 비상시 공기호흡기를 잘 조작하지 못하는 경우가 발생할 수 있기 때문이다.

특히 고가의 신형제품일 경우 공기조정기가 용기와 면체에 이중으로 장치되어 있어 초보자가 사용방법을 조작하기 어렵고 평소에 사용방법을 숙지한 자라 할지라도 위급상황에서는 사용방법이 쉽게 기억나지 않을 수도 있다.

따라서 역무원에 대한 공기호흡기 사용방법 숙지와 능숙하도록 훈련시킬 필요가 있었다. 즉 교육이 미흡해 확대시킬 필요가 있다.

서울메트로와 도시철도공사의 경우 매년 150명 정도 서울소방학교의 소방안전관리 프로그램을 통해 소방안전교육을 실시하고 있다. 서울메트로와 서울도시철도공사가 실시한 서울소방학교의 위탁소방교육[40]을 수료한 인원은 2005년부터 2009년까지 각각 1,613명, 766명이다.

[표 4-24] 연도별 서울시소방학교(소방안전관리반) 교육수료 인원

구분 / 연도별	계(명)	도시철도공사(명)	서울메트로(명)	서울 9호선 운영(주)
계	5,836	2,668	1,159	-
2003	2,803	601	193	2009년 7월 25일 부터 운행
2004	654	454	200	
2005	749	532	217	
2006	509	312	197	
2007	490	363	127	
2008	394	288	106	
2009	237	118	119	없음

자료: 서울소방학교 교육계획팀(2009.11.3).

40) 서울소방학교 소방안전관리반에서 2일간 소방안전교육을 받는데, 교육내용은 화재초기 행동요령, 화재예방(연소, 소화이론), 소방시설 사용법, 응급처치, 농연탈출 훈련 등이다. 공기호흡기 사용방법은 서울소방학교 내 구조구급교육센터에서 교육받는다.

서울지하철공사나 서울메트로[41]는 소방안전교육을 받고 자체 방재교육 및 훈련을 하고 있음에도 불구하고 실제로 역사에 근무하는 역무원의 공기호흡기 조작실태조사를 위해 일부 역사를 대상으로 현장방문 확인 조사한 결과 조작방법에 서투른 경우가 있었다.[42] 이는 안전관리자 방화관리자 등이 교육받은 후 조작연습을 하지 않아 조작방법에 익숙하지 않다는 것으로 볼 수 있다. 따라서 비상시 능숙하게 착용할 수 있도록 조작능력을 향상시킬 필요가 있다.

(3) 층별 공기호흡기 보유 규정에 대한 재조정

공기호흡기를 층별로 2대씩 보유하도록 하는 규정을 특정소방대상물의 특성에 따라 신축적으로 적용할 필요가 있다. 지하철 역사의 경우 역사별 특성이 다르다. 즉 환승역은 일반 역사보다 지하 층수가 많고 이용객의 수도 차이가 난다. 환승역인 경우 지하 3층인 경우가 많고, 역사별 이용객 수도 많은 차이가 나기 때문에 동일한 기준으로 적용하기 어려운 경우도 있다.

예컨대, 서울메트로와 도시철도공사가 2009년 상반기 서울시 지하철 역사별 이용객 수를 분석한 결과에 의하면 [표 4-26]과 같이 강남역의 일일 평균 승하차 인원은 209,150명으로 가장 많은 것으로 나타났고 잠실역이 168,135명으로 그 다음 순인 것으로 나타났다. 지하철 이용객수가 많은 역사의 경우 사용자의 범위를 재조정할 뿐만 아니라 공기호흡기 보유대수를 늘릴 필요가 있다.

---

41) 서울 9호선 운영(주)은 서울메트로나 도시철도공사와 달리 역사무실에는 비치하지 않고 있었으며 역무원의 공기호흡기 조작 숙지도는 알 수 없었다. 역무원이 그룹장의 지시를 받고 공문서로 접수해야 조작할 수 있다며 조작시연을 거부하였다.

42) 현장방문조사 시 5개 역사를 파악하는 동안 다른 역사에서는 이미 연락을 받고 사용방법을 숙지한 상태에서 대기하고 있어 더 이상 조사할 필요가 없었다. 현장조사는 2009년 11월 24일 이루어졌다.

[표 4-25] 서울메트로의 소방장비 현황

구분	비치수량	비치장소
휴대용 비상플래시	7,770개(지하역당 80) 보행거리 25m마다 3개씩 설치	승강장, 대합실
공기호흡기	465개 (지하역 층별 2)	승강장, 대합실
방독면	12,584개(역당 131)	승강장, 대합실
메가폰	213개 (지하 2, 고가 1)	역무실
들것	221개 (역당 2)	역무실
피난구유도등	4,761개(역당 40)	승강장, 대합실
통로유도등	2,457개(역당 21)	승강장, 대합실
바닥유도등	3,839개(역당 41)	승강장
분말소화기	5,005개(역당 42)	승강장, 대합실
하론, CO_2 NAFS-III소화기	1,738병	전기실 등 기능실
소화전	1,222대(역당 10)	승강장
스프링클러헤드	63,119개(역당 650)	대합실

자료: http://www.seoulmetro.co.kr/page.action?mCode=E050010010

[표 4-26] 역사별 지하철 이용객 수

순위	역사명	일일 평균 승하차 인원
1	강남역	209,150
2	잠실역	168,135
3	고속터미널	151,538
4	사당	150,003
5	신림	147,989
6	삼성	143,803
7	서울역	131,135

자료: 서울메트로·서울도시철도공사(2009.10.19).

(4) 공기호흡기 보관함 위치의 적절성에 대한 검토

공기호흡기 보관함의 부적절한 위치를 개선할 필요가 있다. 비상시 사용이 용이하도록 승객의 눈에 잘 띄는 곳과 접근이 용이한 곳에 공기호흡기 보관함을 비치할 필요가 있다. 「인명구조기구의 화재안전기준(NFSC 302)」에서도 쉽게 반출·사용이 가능한 장소에 비치하도록 규정하고 있다.

[표 4-27] 공기호흡기의 설치 기준

1. 방열복·공기호흡기(보조마스크를 포함한다) 및 인공소생기를 각 2개 이상 비치할 것 2. 화재 시 쉽게 반출·사용할 수 있는 장소에 비치할 것 3. 인명구조기구가 설치된 가까운 장소의 보기 쉬운 곳에 “인명구조기구”라는 표지판 등을 설치할 것

자료: 인명구조기구의 화재안전기준(NFSC 302) 제4조(소방방재청 고시).

그러나 현재 지하철 역사의 공기호흡기 보관함의 위치가 승객이 확인하기 쉬운 장소에 비치된 경우도 있지만 그렇지 않은 경우도 있다. 예컨대, 5호선은 승객이 잘 보이는 곳에 비치하고 있는 반면, 지하철 9호선 동작역의 경우 승객이 위급한 상황에서 쉽게 발견할 수 없는 벽면 안쪽에 소규모로 설치되어 있다.[43)]

4. R&D를 통한 비용절감

특정소방대상물에서 불법 공기호흡기를 구매하거나, 유지관리에 소극적

43) 실제 현장조사(2009.11.24)에서 비치함을 겨우 찾을 수 있었다.

인 태도를 보이는 이유는 제품가격의 부담, 유지관리 비용소요, 부품 교체비용 소요 등이 주된 영향 요인일 수 있다.

공기호흡기는 최대 사용시간, 용기부속품 등 선택사양에 따라 가격이 다르지만 부산소방본부 등에서 구입한 가격 기준으로 보면 공기호흡기 가격은 대당 200만원, 용기부속품인 안면부(면체)는 개당 28만원~30만원, 등지게는 개당 94만원,[44] 예비용기는 68만원 정도가 소요된다. 이외에도 공기호흡기 안전검사에 50만원, 공기충전기 정밀검사에 194만원 등 정밀검사와 소모품 구입에도 비용이 소요된 것으로 나타났다([표 4-28] 참조).

[표 4-28] 부산소방본부 공기호흡기 유지관리 및 구입예산

항목	구분	예산액(천원)	비고
일반운영비	공기호흡기용기 안전검사	501	38,500원 × 13
	공기충전기 정밀검사	1,944	324,000원 × 6
	소방장비정비센터 공기질 분석	456	
재료비	공기충전기 소모품	10,000	
	공기성분분석기 소모품	1,300	
	면체자동세척기 소모품	1,800	
	공기호흡기 소모품	40,000	
자산운영 취득비	공기성분분석 튜브 구입	5,445	544,500원 × 10
	공기호흡기세트	40,000	2,000,000원 × 20
	공기호흡기 공병(예비용기)	13,600	680,000원 × 20

자료: 부산광역시 소방본부(2009:7), 「2009년 본예산」에서 발췌함.

44) 인천소방본부 2009년도 구입가격

특정소방대상물은 자체예산으로 공기호흡기 구입하므로 정부예산을 사용하는 소방기관이나 경찰특공대와 달리 구입비용 부담을 무시할 수 없다. 수용인원 100인 이상의 지하역사, 병원, 백화점, 할인점, 지하상가, 영화상영관 등 특정소방대상물은 각 층마다 공기호흡기를 2대씩 의무적으로 비치하도록 하고 있고 만일 비치하지 않을 경우 200만원 이하 과태료에 처하도록 되어 있기 때문에[45] 이들 건물은 고가의 공기호흡기를 구입하는 데 부담을 느끼지 않을 수 없다.

예컨대, 신세계 이마트 은평점의 경우 82대의 공기호흡기를 비치하고 있는데,[46] 소방서의 구입가 기준으로 보면 구입가격이 1억 6천 4백만원 정도이다([표 4-28] 참조). 서울지하철 전 노선의 지하철 역사에도 승객구호용 공기호흡기를 신형과 구형을 포함해 총 1,282대[47]를 비치하고 있는데 총 구입비용은 20억 4천 7백만원 정도인 것으로 조사되었다.[48]

이처럼 비싼 공기호흡기 구매가 부담이 되는 특정소방대상물의 구매자의 경우 정상가격의 절반도 안 되는 75만원 상당의 불법 공기호흡기를 구입하고 싶은 충동이 일어날 수 있다. 특히 공기호흡기를 실제 사용목적보다는 과태료를 피하기 위한 비치목적 또는 소방검사 목적으로 구입하는 구매자들에게는 더욱 매력적이다. 따라서 공기호흡기의 구입비용 부담을 줄이기 위한 방안으로 소방 R&D 사업에 공기호흡기 연구개발 사업을 포함시키는 방안을 고려할 수 있다.

최근 소방방재청이 소방 R&D 사업으로 공기호흡기에 공기를 충전하는 기기(공기충전기)에 대한 연구개발사업을 추진한 사례가 있다([표 4-29] 참조).

소방방재청이 공기충전기 연구개발 사업을 추진하게 된 배경에는 호흡

45) 「소방시설설치유지 및 안전관리에 관한 법률」 제53조(과태료) 1항.

46) 안전관리자와 전화인터뷰(2009.12.20).

47) 2008년 9월 기준.

48) 서울특별시 도시철도공사(2008). 공기호흡기 가격은 신형과 구형이 다르고, 30분용과 50분용도 다르다.

용 청정공기를 용기에 주입하기 위한 목적도 있지만 공기충전기 가격이 5천만원 정도로 고가이기 때문에 비용을 절감하는 차원도 있다. 소방 R&D 사업 중 공기충전기 연구개발 사업은 2008년부터 2009년까지 각각 2억 4천 9백만원의 예산을 투입해 추진하였으며 2010년 그 결과를 활용할 수 있을 것으로 예상된다.[49)]

[표 4-29] 소방 R&D사업 전체 과제 중 소방장비부문 과제명

	과 제 명	연도별 투입 예산(단위: 백만원)				
		계	2007	2008	2009	2010
2007	긴급기동용 현장대응 소방 장비 개발	100	100			
	소방공무원 개인안전 첨단장비 기술개발	550	300	250		
2008	호흡용 청정 공기 충전기 연구개발	498		249	249	
	친환경 고발포 특수 소화약제 연구개발	600		300	300	
2009	주요 목재건축물 보존을 위한 소방설비 구축 모델 개발	500			250	250
	샌드위치패널 파괴장비(절단 등) 및 고층 건물 강화유리 파괴기 개발	251			251	
	용도별 맞춤형 스프링클러헤드 및 내진형소화설비 개발	550				550
계		3,049	400	799	1,050	800

자료: 소방방재청(2010.3) 자료 재구성.

49) 최근 3년간 소방 R&D사업에 투입한 예산을 보면 2007년은 25억원, 2008년 27억원, 2009년 32억원, 2010년에는 52억원의 예산을 확보하고 있다.

만일 공기호흡기 연구개발사업을 추진한다면 이를 통해 저렴한 제품을 개발할 수 있어 특정소방대상물은 구매비용 부담을 줄일 수 있고 의무비치 대상이 아닌 건물들도 고객의 안전을 위해 자율적으로 구입할 가능성이 높다. 이 경우 공기호흡기 생산업체는 공기호흡기를 더 많이 판매할 수도 있다.

또한 공기호흡기 R&D 사업은 소방기관의 경우 구매예산을 상당 수준 절감할 수 있고 절감한 예산을 다른 소방장비를 교체하는 데 활용할 수 있다. 현재 소방기관에서 보유하고 있는 전체 공기호흡기 25,503대와 예비용기 23,591개의 가격을 [표 4-28]의 부산광역시 소방본부의 공기호흡기 구입 단가[50)]로 환산한다면 약 670억원이 된다.[51)]

뿐만 아니라 매년 신규제품이나 용기부속품 교체비용도 지속적으로 소요된다.[52)] 소방기관에서 연도별 공기호흡기 구입현황을 보면 2006년 1,191대, 2007년 1,934대, 2008년 2,662대, 2009년 3,894대 등인데 2009년의 경우 추가로

[그림 4-8] 공기호흡기 예비용기-SCA680

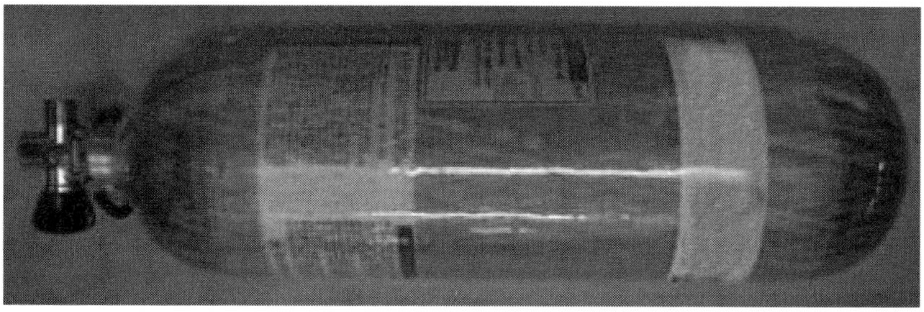

주: 공기호흡기 용기의 공기가 작업 도중 고갈될 경우 교체하는 예비용기.

50) 50분용 200만원, 예비용기 68만원.

51) 공기호흡기 25,503대 510억원, 예비용기 23,591개 160억원.

52) 소방기관에서 화재진압에 자주 사용된 공기호흡기는 열에 노출되는 횟수가 증가하므로 내화성 약화, 용기부속품 내구성 저하 등으로 용기내용연한이 단축되기 때문에 특정소방대상물보다 교체비용이 높다.

구입한 공기호흡기의 비용은 77억 8천 8백만원에 이른다.

특히 2009년도에 공기호흡기 구매대수가 급격히 증가한 이유는 소방공무원의 3교대 확대를 위해 신규로 2,129명의 인력을 채용한 것이 영향을 미친 것으로 보인다.

소방방재청이 2010년에도 3,215명의 소방인력을 확보할 계획이고 2011년에는 3,715명의 신규 소방공무원을 채용할 예정이므로 이들 중 화재진압·구조업무를 수행하게 될 소방공무원에게 지급하기 위한 신규 공기호흡기를 구매하는데 소요되는 예산도 대폭 증가할 것으로 보인다.

왜냐하면 소방기관에서 행정업무를 제외한 화재진압, 구조, 구급요원에게는 1인당 공기호흡기 1대와 예비용기 1개를 공급하도록 규정하고 있기 때문이다.[53] 따라서 가볍고 단가가 낮은, 보다 경제적인 제품을 개발한다면 소방기관의 공기호흡기 구매 및 부품교체 예산을 절감할 수 있을 뿐만 아니라 특정소방대상물의 경우도 구매비용의 부담이 개선될 것으로 추정된다.

특히 특정소방대상물의 경우에는 [그림 4-9]와 같이 작업용 공기호흡기(Entry SCBA)보다는 5분에서 10분용 탈출용 공기호흡기(Escape SCBA), 단기간 공기공급 개인 탈출장비(STAS: short-term air supply for self-rescue), 그와 유사한 탈출장비인 간편 흡입기(Escape Units), 10분 내 탈출장비(EEBA), 연기차단 두건(Smoke Hoods) 등을 확보하는 것이 고객이 대피하는 데 더 유용할 수도 있다.

---

53) 이러한 기준은 소방관 순직사건이 계기가 되었다. 1996년 3월 13일 경기도의 한 소방관이 모아파트 지하 LPG탱크 해체작업중 가스에 질식해 위험에 빠진 가스회사 직원을 구조하던 중 소방관이 가스회사 직원에게 마스크를 씌어주고 자신은 순직하였다. 이 사건을 계기로 "소방관의 생명을 보호하기 위한 특단의 대책을 마련"하라는 대통령 지시에 따라 화재진압, 구조요원 등 1만6천 명 전원에게 공기호흡기를 지급하게 되었다(http://blog.daum.net/maco3/14272372).

[그림 4-9] 공기호흡기 및 휴대용 유사 호흡보호 제품

공기호흡기(SCBAs)

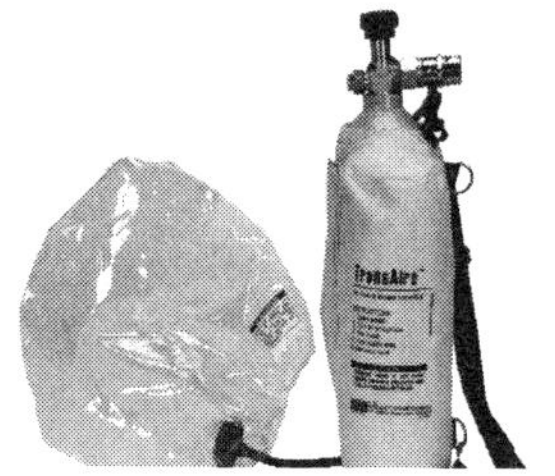

간편 흡입기(Escape Units)

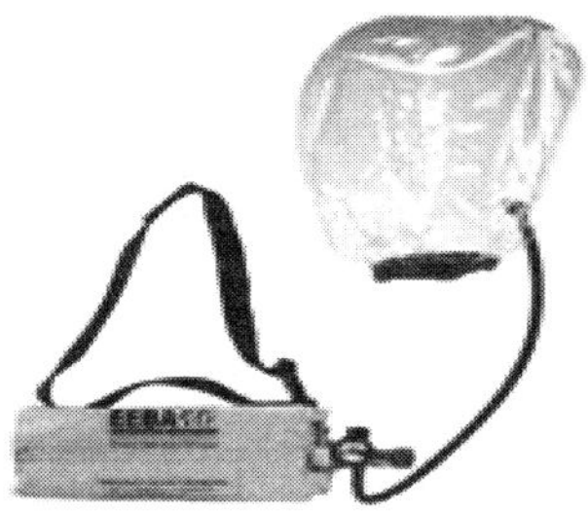

10분내 탈출전용(EEBA)

연기차단 두건(Smoke Hoods)

자료: http://www.lhrservices.com/index.php?id=51

제 5 절 안전규제의 제도적 개선방안 요약

공기호흡기 사용실패를 최소화하는 개선방안으로 안전규제는 제품생산 단계, 구매 단계, 유지관리 단계인 3단계로 구분할 수 있는데, 각 단계별 문제점의 요약 및 개선방안은 다음과 같다.

첫째, "생산자에 대한 정부규제"의 한계는 불법공기호흡기 생산자가 「고압가스안전관리법」에 의한 용기검사나 「소방시설설치유지 및 안전관리에 관한 법률」에 의한 형식승인검사 및 사전제품검사 등을 받지 않고 호흡기의 생산·유통이 가능하다는 것이며 또한 불법제품이 생산·유통되더라도 사용실패 등의 사건이 발생하기 이전에는 쉽게 파악되지 않는다는 점이다.

둘째, "유지관리자에 대한 정부규제"의 한계점은 소방기기 유지관리자(사용자)가 용기 재검사 규정을 미준수하거나, 폐용기 처리절차 등을 지키지 않더라도 이를 일일이 적발하기 어렵다는 점이다. 그 외에도 유지관리자가 내용연한이 경과한 제품을 교체하였는지 여부, 용기 및 용기부속품 자체안전검사 실시 여부 등을 정부가 제대로 확인하기 어렵다는 점이다.

셋째, 제품 구매단계에서 문제점은 구매자가 불법 개조한 제품이나 합격필증을 위변조한 제품을 판별할 능력이 부족하다는 점이다.

이와 같은 단계별 문제점 중 "제품생산자에 대한 정부규제"의 한계를 개선하는 방안을 요약하면 다음과 같다.

첫째, 불법제품 생산의 사전차단 한계를 보완하기 위해 「소방시설설치유지 및 안전관리에 관한 법률」 제46조와 「소방용 기계 · 기구의 형식승인 등에 관한 규칙」 제52조를 적극 활용해 "수거검사"를 확대 적용하는 방안을 고려할 수 있다.

둘째, 「고압가스안전관리법」에 의한 "용기 수집검사"제도를 "공기호흡기 제품"에도 확대 적용해 불법제품의 적발 가능성을 높이는 방안이다. 현재 공기호흡기 구성 자재인 용기에 대해서 「고압가스안전관리법」에서 적극적으로 수집검사를 하지 않고 있다.

셋째, 소방서의 소방검사제도 운영 시 공기호흡기 관리 실태를 점검(check)하는 방법이다. 현재 의무비치 대상(2,755개소)이 아닌 자율비치 건물에 대해서는 소방서가 관리실태를 점검할 수 없기 때문에 소방검사제도(일반검사대상 751,262개소, 자체검사대상 39,765개)를 활용하는 방안을 고려해 볼 수 있다.

넷째, 공기호흡기 합격필증을 위조한 자에 대한 벌칙규정을 상향조정할 필요가 있다. 합격필증은 구매자가 제품 구매 여부를 판단하는 기준임에도 불구하고 이를 위변조한 자에 대한 벌칙규정이 타 벌칙규정보다 가벼운 측면이 있고, 공산품 안전·품질표시 위조 벌칙규정과 비교해도 형평에 맞지 않다.

공기호흡기 구매 후 예방적 유지관리와 관련된 정부의 안전규제 개선방안을 요약하면 다음과 같다.

첫째, 특정소방대상물 등의 공기호흡기 성능유지·관리의 효율성 제고를 위해 유지관리매뉴얼 작성 및 장비관리대장 운용을 권고해 전·후임자 간의 유지관리업무의 연속성을 높일 필요가 있다.

둘째, 공기호흡기 검사빈도와 시기에 관한 규정을 신축적으로 운영할 필요가 있다. 제품구입 연도를 기준으로 한 일률적 검사보다는 사용 횟수, 사고경험 유무, 보관장소의 청결성 등에 따라 검사빈도와 시기를 다르게 적용할 필요가 있다.

셋째, 공기호흡기 등록제를 도입해 특정소방대상물 등의 공기호흡기 관리실태를 일괄적으로 관리하는 방안을 고려해 볼 수 있다. 공기호흡기는 의무비치기관인지 아닌지 여부를 떠나 유사시 대피유도 등이 성공적으로 이루어질 수 있도록 사용실패를 줄이는 것이 중요하기 때문이다.

넷째, 「경찰장비관리규칙」 개정 시 공기호흡기 유지관리에 관한 내용을 포함시킬 필요가 있다. 현재 경찰특공대의 공기호흡기를 경찰장비 중의 하나로 관리하고 있음에도 불구하고, 정작 「경찰장비관리규칙」에는 공기호흡기 유지관리에 관한 내용은 없다.

다섯째, 경찰특공대에는 CBRNE 차단 특수 SCBA를 지급할 필요가 있다. 경찰특공대는 화학적·생물학적 테러와 같은 특수한 위해환경에서 업무를 수행해야 하므로 기존의 내화·내연 SCBA 기능만으로는 충분하지 못하다. 따라서 경찰특공대가 앞으로 공기호흡기를 추가적으로 구입할 시에는 CBRNE를 차단할 수 있는 특수 SCBA를 구입할 필요가 있다.

여섯째, 「고압가스안전관리법 시행규칙」 개정 시 폐용기 파기절차에 대한 투명성을 강화할 필요가 있다. 현재 폐기규정 미준수 보완차원에서 "폐용기 완전 파기 후 사진을 촬영해 결재 받는 절차"와 "파기수량·파기사유, 파기자·입회자 등에 관한 기록보존제도" 등을 신설할 필요가 있다.

일곱째, 층별 공기호흡기 보유 규정의 재조정이 필요하다. 공기호흡기를 층별 2대씩 보유하도록 일률적으로 규정하기보다는 층별 면적, 이용객 수 등과 같은 특정소방대상물의 특성에 따라 신축적으로 적용할 필요가 있다.

여덟째, 공기호흡기 보관함의 부적절한 위치를 개선할 필요가 있다. 인명구조기구의 화재안전기준(NFSC 302)」에서 규정한 대로 쉽게 반출이 용이한 장소와 눈에 잘 띄는 장소에 공기호흡기를 비치할 필요가 있으나 현재 지하철 역사의 공기호흡기 보관함의 위치가 승객이 확인하기 쉬운 장소에 비치되지 않는 경우도 있다.

아홉째, 공기호흡기 구입비용 및 부속용품 교체비용 부담을 완화하기 위해 소방 R&D 사업 과제에 경제적인 제품개발 항목을 포함시킬 필요가 있다. 현재 소방관서 보유 공기호흡기는 대당 가격이 200만원이고 예비용기는 개당 68만원이다. 또한 부속용품 교체비용도 안면부(면체)는 개당 28만원~30만원, 등지게는 개당 94만원 등으로 구매 및 유지관리 비용 부담이 크다.

열째, 공기호흡기 사용주체를 조정하여 “기기이용 효율성 제고”가 필요하다. 즉 현재 특정소방대상물의 각 층마다 2대씩 비치된 공기호흡기는 소방시설(피난설비)로 규정하고 있으나 사용주체가 암묵적으로 안전관리자(방화관리자)로 인지되고 있어 유사시 사용하지 못하는 경우가 발생될 수 있다. 만일 사용자 제한을 완화할 경우 기기사용방법 설명서를 보관함에 부착, 반출 및 사용이 용이한 장소에 비치 등의 조치가 필요하다. 요약내용을 표로 정리하면 다음과 같다.

[표 4-30] 소방장비 사용실패 개선방안 및 배경

구분	개선방안	근거 및 배경
제품의 본질적 안전	공기호흡기 수거검사 활성화	「소방시설설치유지 및 안전관리에 관한 법률」 제46조와 「소방용기계기구 등의 형식승인에 관한 규칙」 제52조 등을 수거검사 활성화에 적극 활용
	용기 수집검사 확대 적용	「고압가스안전관리법」에 의해 용기 생산업체·판매·대리점에 대해 실시하고 있는 수집검사를 공기호흡기 판매·대리점에도 확대적용 필요
	소방검사 시 불량기기 점검 및 적발	소방검사 대상 791,027개소(일반검사대상기관+자체검사기관)의 소방검사 시 불법·미검사 제품 등 파악 및 점검
	「소방시설설치유지 및 안전관리에 관한 법률」 개정 필요	합격증지 위·변조에 관한 벌칙이 공산품 품질표시 위조 벌칙 등과 비교할 때 형평성에 문제가 있음. 합격필증 위조에 관한 벌칙의 상향조정 필요
불량제품 구매 차단	제품 구매 시 외부 전문기관의 일회성 자문	소방·경찰 등은 구매 제품 품질평가 전담조직이 있으나 특정소방대상물은 자체적 품질 평가능력 부재함. 제품 다량 구매 시 외부기관의 전문성 활용(one-point outsourcing)

구분	개선방안	근거 및 배경
성능 유지관리 및 폐기처리 규정 준수 등	유지관리매뉴얼 및 장비관리 대장 운용	특정소방대상물 등은 유지관리자(안전관리자·방화관리자) 교체 빈도가 높아 유지관리 업무 비연속성 보완 필요
	검사빈도와 시기의 신축적 조정	제품구입 연도를 기준으로 한 일률적 검사보다는 사용 횟수, 사고경험 유무, 보관장소의 청결 등에 따라 검사빈도의 차별화 필요
	유지관리실태 파악이 용이한 등록제 검토	공기호흡기 의무비치 건물 및 자율비치 건물 등의 부실한 유지관리, 안전검사 미준수 실태 파악·관리가 용이함
	「경찰장비관리규칙」 개정 필요	경찰은 공기호흡기를 경찰장비 중의 하나로 관리하고 있으나 정작 「경찰장비규칙」에는 공기호흡기 유지관리에 대한 내용이 없음
	경찰특공대에는 CBRNE 차단 특수 SCBA 지급 필요	경찰특공대의 공기호흡기는 기존의 내화·내연 기능에 CBRNE 차단 기능이 추가된 특수 SCBA를 지급할 필요가 있음
	「고압가스안전관리법 시행규칙」 개정 필요	폐기절차 투명성 강화 위한 "폐용기 완전 파기 후 사진을 촬영해 결재 받는 절차 마련," "파기수량·파기사유, 파기자·입회자 등에 관한 기록보존" 등의 조치가 필요
	폐용기 다수발생 예상건물의 집중관리 필요	내용연한 경과·용기훼손 등 폐기처분 대상기기 다량발생 기관(소방관서, 병원, 호텔 등) 등에 대한 선택과 집중
	공기호흡기 기기 이용도 제고	기기 사용기회 상실 최소화: 사용자 제한 완화, 기기 사용방법 보관함에 부착

구분	개선방안	근거 및 배경
성능 유지관리 및 폐기처리 규정 준수 등	층별 보유 규정의 재조정	층별 2대 보유하게 하는 일률적 기준보다는 층별 면적, 이용 고객의 수 등의 특수성을 감안해 신축적 적용 필요
	보관함 위치의 적절성 검토	인명구조기구의 화재안전기준(NFSC 302)」에서 규정한 대로 쉽게 반출이 용이한 장소와 눈에 잘 띄는 장소에 공기호흡기를 비치할 필요가 있음
	R&D를 통한 비용 절감	공기호흡기 구매 및 부속용품 교체 비용부담 완화: 소방 R&D 사업 과제로 선정, 경제적인 제품개발로 소방·경찰·특정소방대상물 등의 장비구입·교체예산 절감 가능

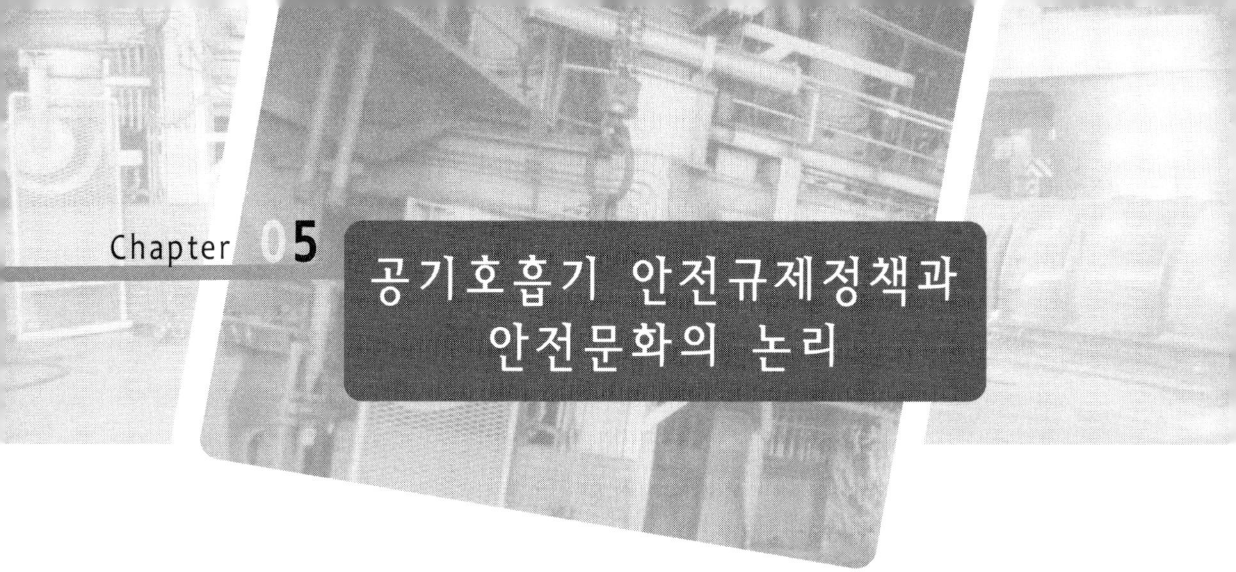

Chapter 05

공기호흡기 안전규제정책과 안전문화의 논리

제 1 절 안전규제정책과 위험 동체감

공기호흡기에 대한 안전규제정책이 필요한 이유는 생산자·구매자(고객)·사용자·관리자가 제품생산과정·구매과정·유지관리과정에서 타인의 건강과 안전에 대한 최소한의 배려도 하지 않을 가능성이 있기 때문이다.

때문에 안전규제정책은 생산자·구매자(고객)·관리자·사용자 등으로 하여금 타인의 위험이 자신의 위험으로 느끼도록 하는 “위험의 내재화(internalization)” 혹은 “타인 위험에 대해 동체감(risk identity)” 형성을 유도하기 위한 것이다.

만일 생산자가 타인의 안전을 고려한다면 불량제품을 생산하지 않을 것이고,[1] 제품 구매자는 실제 사용자의 안전을 고려한다면 불량제품을 구입하

---

1) 생산자가 소비자의 건강과 안전을 배려한 제품을 생산해야 하는 것은 생산자(기업)의 사회적 책임 중의 하나로 간주하고 있다. 이외에도 기업의 사회적 책임에는 지배구조

지 않을 것이다. 그리고 제품구입 후 관리자는 최종 사용자가 사용실패 위험에 노출되지 않도록 하려면 기기 유지관리에 성실해야 한다. 하지만 각각의 주체들은 대안을 선택할 때 계산적이기 때문에 타인의 안전을 볼모로 하는 비이성적인 결정을 할 수도 있다. [표 5-1]에서 나타난 것처럼 생산자·구매자·사용자가 모두 다른 사람일 경우는 모두 동일인인 경우보다 상대적으로 위험 동체감(risk identity)이 낮다. 이는 각 주체별 이해관계가 다르기 때문에 타인의 위험에 대한 내재화(internalization)가 잘 일어나지 않는다.

[표 5-1] 공기호흡기 생산자·구매자·사용자 간 동일성 여부

구 분	관 계
동일	생산자 = 구매자, 관리자 = 이용자
일부 동일	생산자≠구매자 = 이용자, 생산자 = 구매자≠이용자 등
모두 다름	생산자≠구매자, 관리자≠이용자

(투명성, 윤리적 행동, 법규준수 등), 인권(차별금지, 고충 해소, 표현의 자유), 노동관행(고용관계 안전과보건, 노동조건), 환경(오염방지), 공정한 운영관행(반부패, 공정경쟁, 지적재산권 존중) 등이 있다(천경희, 2009:96).

제2절 안전규제 대상 주체간 위험 동체감 조합 유형

안전규제정책에서 피규제자인 생산자·구매자·사용자들이 타인의 안전을 배려하는 수준은 각 주체가 타인의 위험에 대한 동체감과 밀접하게 관련되어 있다. 피규제자의 위험 동체감 조합유형은 "생산자와 구매자간 위험동체감 수준"과 "유지관리자와 사용자 간의 위험 동체감 수준"에 따라 4가지 유형으로 구분할 수 있다.

[그림 5-1] 생산자·구매자·사용자의 위험 동체감 조합유형

유지관리자와 사용자 간의 동체감 \ 생산자와 구매자간 위험 동체감	낮음	높음
낮음	본질적 불안전· 사후 방치형(유형 1) 생산·구매시 품질 미고려/ 구매 후 유지관리 소홀 (안전불감증/검사목적 비치용 구입)	본질적 안전성· 사후 방치형(유형 2) 생산·구매시 품질 고려/ 구매 후 유지관리 소홀 (불량제품 구매 가능성 낮음)
높음	본질적 불안정성· 사후 보강형(유형 3) 구매시 소극적 품질 고려/ 구매 후 유지관리 중심 관리 (사후관리 중심)	바람직한 안전문화 유형 (유형 4) 자기생산·자기소비 개념의 모형 (위험 동체감이 높은 유형)

1. 타인 위험이 내재화된 안전문화 유형(유형 4)

타인 위험이 내재화된 안전문화 유형(유형 4)은 생산자·구매자·관리자·사용자(이용자)가 타인의 안전에 대한 동체감이 형성된 경우이다. 각각 규제 대상주체가 거의 동일인에 가깝기 때문에 타인의 기대에 부합하는 행위를 할 가능성이 높다. 여기서 생산자는 타인의 안전을 배려한 상태에서 자신의 이익을 추구하는 방법을 선호하며, 구매자 역시 제품구입의 기준이 비용절감보다는 사용자의 안전을 선호하는 구매결정을 내릴 가능성이 높다. 유지관리자도 타인이 피해를 입지 않도록 제품의 성능 유지관리에 적극성을 가진다. (유형 4)는 한 마디로 "자기생산 자기소비형" 메커니즘과 유사하다.[2] 이는 마치 생산자 자신이나 가족, 친척 등이 사용할 안전한 제품을 생산·구매·유지관리하는 것과 유사한 것으로 볼 수 있다.

2. 본질적 안전성·사후 방치형(유형 2)

(유형 2)는 "생산자와 구매자"의 위험 동체감은 높으나 "관리자와 이용자"가 다른 경우이다. 여기서 생산자와 구매자는 타인의 건강과 안전을 배려한 제품생산과 구매행위를 취한다. 즉 생산자와 구매자는 사용자의 기대에 반하는 행위를 할 가능성이 낮다. 하지만 유지관리자가 사용자의 건강과 안전을 고려하지 않은 경우이다. 다시 말해, 불량제품을 구입할 가능성이 낮기 때문에 제품의 본질적 안전성(inherent safety)은 확보되지만 유지관리자의 소극적인 태도로 제품이 일정수준의 성능을 유지하기 어려운 경우이다.

---

2) 예컨대, 상용자가발전설비가 이와 유사한 개념이다. 국내 87개 업체에서는 상용자가 발전설비를 갖추고 있는데 이 설비는 자체 생산한 전기를 판매가 아닌 자체 소비할 목적으로 만든 것이다.

3. 본질적 불안전성·사후 보강형(유형 3)

본질적 불안전성·사후 보강형은 생산자와 구매자가 사용자의 건강과 안전을 배려하지 않아 불량품이나 성능이 떨어지는 제품을 생산·구매한 경우이다. 하지만 사후적으로 유지관리자가 제품의 최종 사용자의 안전을 최대한 고려하므로 사후적 적극 유지관리하는 유형이라 할 수 있다. 즉 (유형 3)은 유지관리자가 바로 사용자이거나 혹은 사용자가 유지관리자와 매우 친밀감(a sense of intimacy)이 높은 경우로 볼 수 있다. 그러나 (유형 3)은 제품 자체의 본질적 불안전성을 극복할 수 없다는 점이 한계이다. 즉 본질적 결함이 있는 제품은 사후적으로 많은 유지관리 비용과 노력을 필요로 하지만 일정수준 이상의 성능을 유지하기 어렵다.

4. 본질적 불안전성·사후 방치형(유형 1)

(유형 1)은 생산자·구매자·관리자·이용자가 모두 다른 경우로 각 주체가 모두 타인의 기대에 반하는 행위를 할 가능성이 높은 "본질적 불안전·사후 방치형"이다. 이는 안전불감증 문화가 만연한 곳에서 전형적으로 나타나는 유형이다. 여기서는 각각의 피규제자 간 신의성실 원칙이 지켜지지 않을 가능성이 높다. 생산자는 불량제품을 생산하고, 구매자는 제품을 자신이 직접 사용하지 않기 때문에 비용절감 차원에서 불법 불량 제품을 구입하며, 유지관리자는 자신이 직접 사용하지 않기 때문에 유지관리에 소극적이다. 공기호흡기 구매자가 실제 사용 목적이 아닌 비치용으로 제품을 구입할 경우가 바로 여기에 해당된다. 단속이나 안전검사용으로 공기호흡기를 구입하므로 실제사용 목적으로 구입하는 경우보다 상대적으로 제품의 품질이나 유지관리에 큰 관심을 기울이지 않는다.

제3절 안전규제정책과 안전문화

정부의 "생산자에 대한 안전규제"는 생산자가 구매자의 입장에서 제품을 제작하도록 해 타인의 안전을 배려하도록 의무와 책임을 부과하는 것이다. "고객에 대한 정부의 안전규제"는 구매자가 사용자의 안전을 고려한 제품을 선택하고, 유지관리자는 사용자를 위해 예방적 유지관리에 최선을 다하도록 의무를 부과하는 것이다.

하지만 생산자의 "타인 위험에 대한 동체감"이 형성되지 않을 경우 비용절감으로 인한 이윤극대화 전략을 선택할 가능성을 배제할 수 없고, 구매자 역시 정상가격보다 가격이 저렴한 불법·불량제품의 생산에 대한 유혹을 뿌리치기 어렵다.

소방관서, 경찰특공대의 공기호흡기와 달리 특정소방대상물에서 불법·불법의심 공기호흡기나 불량·미검사 공기호흡기가 다수 발견된 것은 구매자, 유지관리자, 사용자 간의 동체감에서 차이가 나기 때문이다. 즉 소방관과 경찰특공대원은 화재진압 및 테러진압과 같은 직업적 위험(occupational risk)에 노출되는 빈도가 높은 반면 특정소방대상물의 구매·관리·사용 주체는 모두가 직업적 위험에 노출되는 것이 아니다. 즉 특정소방대상물의 공기호흡기는 대피·탈출용이므로 이를 사용하는 자들은 비직업적 위험(non-occupational risk)에 노출되는 경우로 보는 것이 더 타당하다고 할 수 있다. 또한 주된 사용자인 안전관리자나 방화관리자가 수시로 바뀌는 경우가 많아 기기 사용주체가 명확하거나 일관적이지 않다.

소방관서의 공기호흡기는 소방관들이 직접 사용자인 반면 다중이용시설이나 지하철 역사, 산소결핍 장소에서 작업하는 산업현장의 경우 공기호흡기의 구매자는 사업주나[3] 직접 사용자는 근로자이다. 때문에 구매자는 품질이 낮은 제품을 선택할 가능성이 있다.

결국 안전규제정책은 각 주체들이 타인의 건강과 안전을 배려한 상황에서 자신의 이익을 추구하도록 하는 가치관을 형성시키도록 유도하는 것이며 이것은 바로 바람직한 안전문화를 정착시키기 방법이기도 하다.

안전규제정책의 기본 철학은 안전규제 대상자가 각각의 역할을 수행하는 과정에서 도덕과 이윤추구를 결코 따로 분리해서는 안 되며 함께 고려해야 할 공동의 가치여야 한다는 점을 강조하는 것이다. 이윤을 창출하는 데에도 꼭 지켜야 할 방법과 수단이 있어야 한다.

---

3) 소방기관의 경우 소방장비검사전담반하고 산업현장에서는 안전보건관리자가 하는 경우도 있다.

제4절 결 론

공기호흡기는 각종 재난현장에서 유독가스 또는 산소결핍의 상황에서 구조대원·작업 근로자·경찰특공대·특정소방대상물의 안전관리자 등의 호흡을 보호하여 인명구조 활동을 할 수 있도록 고안된 장비이므로 유사시 사용실패를 최소화할 수 있도록 생산자·구매자·유지관리자에 대한 안전규제의 적극적 개선이 필요하다.

공기호흡기 사용실패를 줄이는 안전규제의 개선방안은 최근 소방방재청이 재난관리 선진화 방안의 일환으로 추진하고 있는 "작동하는 방재"와 부합되는 측면이 많다. 작동하는 방재는 지금까지 구축된 각종 재난관리시스템이 상황발생 시 바로 작동할 수 있도록 시스템과 현장 사이의 빈틈없는 연계체제를 갖추는 것으로 재난 정보의 신속한 전달과 동시에 현장대응이 작동되어야 한다는 것을 의미한다.

그러나 재난현장에 필요한 소방장비가 제대로 작동되지 않을 경우 화재진압·구조활동과 대피자·피난자 유도활동의 실패는 차치하고라도 구조·진압대원의 사망·상해를 초래하는 치명적인 실패를 가져올 수 있다. 이러한 맥락에서 소방장비에 대한 안전규제 개선방안은 "작동하는 방재" 실현에 중요한 문제라 아니할 수 없다.

따라서 공기호흡기 사용실패 최소화 방안은 사용자의 적극적 유지관리와 관련된 "고객에 대한 정부의 안전규제"뿐만 아니라 "생산자에 대한 정부 안전규제"와 구매자 자체가 불법제품 평가 역량을 높이는 "생산자에 대한 고객의 간접규제" 역량을 동시에 개선할 필요가 있다.

안전규제 개선의 핵심은 공기호흡기 생산, 구매, 유지관리 과정에서 생산자·구매자·사용자 모두가 타인의 안전을 최대한 고려하도록 유도하는 것이다. 안전규제가 충분한 안전을 확보하도록 하는 것은 어렵지만 피규제자가 최소한의 기준은 지키도록 도덕적 의무와 책임을 고양시키는 데는 중요한 기능을 수행하는 것으로 볼 수 있다.

참고문헌

강익철, 「공기호흡기 안전관리에 관한 연구」, 장비담당공무원 연찬회 발표자료, 2007.10.

권부현, "밀폐공간작업에서의 질식재해 예방," 「보건안전」, 2006.5.

김은정·심명섭, "화상환자에서의 사망원인 분석," 「대한화상학회지」, 제4권 제1호, 2001.

김정인, "공기호흡기 충전공기에 관한 연구," 「소방연구논문」, 2003.

김종호, "산소결핍에 의한 질식재해예방 장비 사용요령," 「보건안전」, 2001.6.

서울특별시 소방학교 소방과학연구실, "공기호흡기 충전공기에 관한 연구," 「소방검정」, 2004, 봄호.

소방방재청, 「시·도 특정소방대상물 공기호흡기 세부현황자료」, 2009.8.

신중호 외 8인, 대형화재로 인한 사상자의 손상 유형과 합병증: 동인천 라이브호프 화재를 중심으로, 대한응급의학회지 제12권 제3호, 2001.

김귀락 외 5인, "2003년 대구 지하철 화재사고 시 흡입손상에 대한 고찰," 대한화상학회지 제6권 제2호, 2003.

김규상, 소방공무원 건강관리: 소방공무원의 특수건강진단 내용을 중심으로, 「산업보건안전」, 2005.

이성순, 연기 흡입, 화상환자에서의 인공호흡기 치료, 인제의학 제23권 제4호, Vol.23. No.4. 2002.

이신호 외8인, 연기흡입(smokr inhalation)의 단순흉부 사진 소견, 대한방사선의학회지, 42호, 2000.

유영수, "산소결핍 위험작업 장소에서의 재해예방," 「위험관리」, 2001 여름호.

이상팔, "소방장비 관리실태 및 개선방안: 특정소방대상물과 소방·경찰 등의 공기호흡기 관리제도 비교분석, 국회입법조사처 「정책보고서」 제4호, 2010.

이상팔, "특정소방대상물의 공기호흡기 안전규제 개선방안," 한국화재소방학회

논문지, Vol.24. No.3. 2010.
서울특별시 소방학교(1995:24), 「화재현장 실무」.
한국산업안전공단 산업안전보건연구원, 「밀폐공간 작업종류별 질식재해 요인 파악 및 예방대책 연구」, 2008(http://www.fantasyislandresort.com).
유기철·안무현·조용준·정제명·임경수, 대규모 화재에서 발생한 피해자의 분석을 통한 화재현장 응급처치의 문제점과 대안, 대한응급학회지 8(2):61-68, 1997.

Decker, W. J., Korch, H. F., Chlorine Poisoning at the Swimming: an overlook Hazard. *Clinic Toxicology* 13:377-381, 1978.
California State Sheriff's Association, *Self contained Breathing Apparatus in Correctional Facilities*, April 18, 2002.
Cavallari, Bruce J., "Hydrostatics Testing of Compressed Gas Cylinders," *Fire Engineering*, October 1996.
National Institute for Occupational Safety and Health, *NIOSH Respirator User Notice*, December 7, 1999.
The Indiana Department of Homeland Security Division of Training and the Indiana State Fire Marshal, *Indiana Mandatory Fire Fighter Training*, 2007, MODULE 3, November.
Thiel, *U.S. Fire Administration/Technical Report Series, Special Report: Prevention of Self-Contained Breathing Apparatus Failures*, FEMA, USFA-TR-088/ November 2001.
Training The Fire Service, "Acidic Fluid Leads to Air Cylinder Failure," *Fire engineering*, November 1996.
Frankle, Robert S., Harry F. Wachob, "Investigation of the Failure of an SCBA Cylinder," FaAA-SF-R-96-06-16, Failure Analysis Associates, July 2, 1996.
Federal Emergency Management Agency, United States Fire Administration, National Fire Data Center, Fire Fighting Restropective study, April 2002/FA-220.
Cook, M., Simon, P. A., Hoffman, R.(1995), Unintentional Carbon Monoxide Poisoning in Colorado. American Journal of Public Health 85(7):988-990.
Jung YS, Kim S., Park HC, Clinical analisis of the inhalation injury of the facial burn

parents. Korea Journal of Surgence 40:391.1991.

Kirk, M. A., Gerace, R., Kuling, K. W., Cyanide and methemoglobin kinetics in smoke inhalation victims traced with the cyanide antidote kit, *American emergency Medical* 22:1413, 1993.

Silverman, S. H., Purdue, G. F., Hunt, J. L., Bost, R. O., Cyanide toxicity in burned patients, *Journal of Trauma* 28, 1998.

Ritz, R. H.(1992:1109), Respiratory care of the patient with burns or smoke inhalation, in Pierson, D. J., Kacmareek, R. M.(eds). Foundation of Respiratory Care, New York: Churchchill-Livingstone.

Luxfer Gas Cylinder(1987), Luxfer's SCBA Cylinder Visual Inspection Guide, Volume One.

TVA NPG(2001:21), SCBA Training HPT0630.002.

Hall County Fire Services(2009.10), Standard Operating Procedures: Section 8.0 Fire Service Equipment.

NIOSH(2000:15), Fatality Assessment and Control Evaluation Investigative Report #99F-48, A Summary of NIOSH fire fighter fatality investigation, 2000.11.6.

Grant(2007), Respiratory Exposure Study for Fire Fighters And Other Emergency Responders, The Fire Protection Research Foundation.

Ismail(2009l:28), Respiratory Protection for Counter terrorist Teams, ADJ March.

색 인

[ㅈ]

저자 약력

고려대학교 행정학 박사(1995.8)
고려대학교 정부학연구소 전문연구원(1995.9.1～1997.12.31)
고려대학교 행정학과·정책대학원 강사(1995.9～2000.12)
국가위기관리학회 인적재난연구위원회 위원장(2009.9～2010.8.31)
행정자치부 재난관리시스템기획단, 정책자문위원(2003.5～2005.6)
소방방재청 민방위선진화추진단, 정책자문위원(2009.10)
한국소방안전협회 사외정책자문위원(2002.6～2003.6)
한국가스안전공사 가스안전심의위원(2003.6～2009.5)
현: 국회입법조사처 입법조사관(1997.7.21부터 국회 근무)

주요 연구업적

목조문화재 안전관리체계 역량평가와 개선방안, 「입법과 정책」, 제1권 1호, 국회입법조사처 2009.12.

특정소방대상물의 공기호흡기 안전규제 개선방안, 「한국화재소방학회 논문지」, Vol.24. No.3, 2010.6.

정책결정과정에서 지방자치단체장의 역동적 인상관리전략분석 — 영광군수의 영광원전 5·6호기 허가 과정을 중심으로, 「한국행정학보」, 제33권 3호, 1999.

위기관리체계에서 영역초월학습(cross-over learning)의 촉진·방해요인 분석: 강릉 잠수함 침투사건 발생시 통합방위관리체계의 운용사례를 중심으로, 「한국행정학보」, 제32권 2호, 1998.

위기관리체계의 지능적 실패를 통한 학습효과분석 — 삼풍백화점사고 전후의 제도변화를 중심으로, 「한국행정학보」 제30권 제2호, 1996.

도시재난사고의 예방단계에서 정부조직학습 — 삼풍백화점붕괴사고를 중심으로, 「한국행정학보」, 제29권 제4호, 1995.

국가의 위기관리능력 제고 방안: 비정규전 대테러 위기관리체계의 영역초월학습 향상에 관한 연구, 「안보학술논집」, 제8집 1호, 1997.

지역주민의 위험정책수용에서 절차적 분배적 형평성의 역할에 관한연구: 방사성폐기물처분장을 중심으로, 「환경법연구」, 제17권, 1995, 12. 외 다수

소방장비관리와 안전규제정책

2011년 2월 20일 초판인쇄
2011년 2월 28일 초판발행

저 자 이 상 팔
발행인 안 종 만
발행처 (株)博英社
서울특별시 종로구 평동 13-31번지
전화 (733) 6771 FAX (736) 4818
등록 1959. 3. 11. 제300-1959-1호(倫)

www.pakyoungsa.co.kr e-mail: pys@pakyoungsa.co.kr

정 가 16,000원 ISBN 978-89-6454-102-9